我的

運用配線、接電、焊錫
完成11款電子作品

科學實務課

伊藤尚未／著　　　國立交通大學
　　　　　　　　　電子研究所副教授　**陳柏宏**／審訂　　　　蘇聖翔／譯

前言

大家容易以為電子勞作很難上手。的確計算電流或挑選零件等，有些部分比較困難，而焊接等技術性作業也需要訓練與熟悉。一想到這些事就無法打包票：「電子勞作非常簡單！」

然而一一分解、邏輯思考並不算困難。電流的數值只要按照歐姆定律就能算出；如果了解閱讀零件說明書的重點，就會知道如何挑選。至於焊接就連孩童也只要幾分鐘就能掌握訣竅。

想必許多人都曾經把燈泡接上乾電池讓它發光，電子勞作的第一步就是這個。這是非常簡單的迴路。或許有些讀者一聽到「電子」、「迴路」這些詞語就會感到抗拒，不過不用害怕，要做的事只有接上電線而已。

拿起本書翻閱的人，想必對電子勞作多少有點興趣。雖然日文原書名是「完全指南」，但並不是指網羅了世上所有的電子勞作，而是讓孩童與新手也能學會享受電子勞作的知識與技術，以完全指導所有人為目標。本書的架構是從安裝燈泡開始，一邊實驗一邊理解各種迴路的機制，利用微電腦撰寫程式的基本等，然後製作裝置進一步應用。

雖然勞作是基礎，但是可以進一步應用、活用於其他方面或朝高精度化發展，而連接微電腦還可以串起物聯網。

家電、交通、廣播、娛樂等方面所運用的尖端技術的基礎就是電子勞作。如果沒有開發電晶體等半導體，就無法形成現代社會。

每一項電子產品中所用的電子迴路都非常複雜，不過當成個人嗜好享受的電子勞作還是簡單一點比較好。實際嘗試製作，順利啟動時會有一種無法從其他勞作獲得的感動。獲得這種感動，又激發其他點子，一想到現代社會中有用的電子產品與系統，是否就能看見超出個人嗜好程度

的未來？

　　首先開頭並非「學習」，我認為若能開心地做實驗與勞作，一定會在不知不覺間學會知識與技術。

　　我經常一邊製作電子勞作作品，一邊在體驗工坊與孩童接觸。學校課程都是照著教科書，沒有機會自由地製作東西。如果不增加實際自己動手做東西的機會，或許就無法體驗做東西的樂趣、由此產生的全新點子，以及失敗時的懊悔或思考改善方法。

　　電子勞作總免不了失敗，即使想製作構思的裝置，若要完整地實現，大多需要相當的知識與技術。辛苦一番卻仍失敗，或許有人覺得如果要花好幾天去做一台收音機，不如直接去均一價商店購買還比較快，不過我認為在製作的過程中，有著能讓人成長的重要經驗。我希望讓現在的孩子來體驗，而這也是大人會著迷、充滿魅力的業餘愛好世界。

　　「想要做些有趣的東西」的人，本書若能對各位有些助益，將是我最開心的事。

2017年12月

伊藤尚未

目錄

第1章　接電

第2章　使用電子零件

第3章　組裝迴路

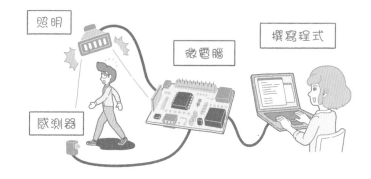

需要的器具

只能在專賣店取得的東西

　　透過電子勞作製作作品時，第一次動手做的人會用到平時很少見的器具與材料。例如不是使用常見的剪刀或黏著劑，而是斜口鉗或烙鐵等器具。雖然這些能在市區的家居用品商城買到，不過電子零件等專門器具在一般的家居用品商城、超市或文具店並未販售。做電子勞作會用到只有在專賣店才能取得的器具。

　　不過，現在販賣這些器具的許多專賣店都有在網路上販售，相當便利。要是你家附近沒有專賣店，不妨利用網路購物。在此將介紹一開始應該準備的器具類。

電子勞作的基本器具

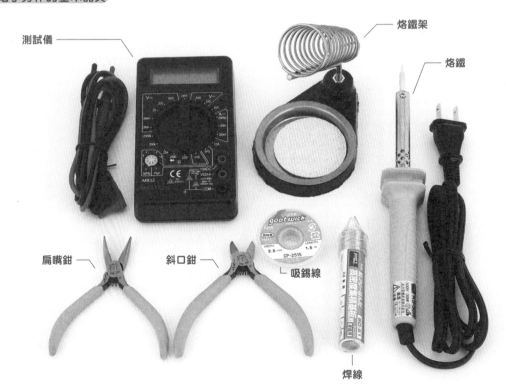

測試儀

烙鐵架

烙鐵

扁嘴鉗

斜口鉗

吸錫線

焊線

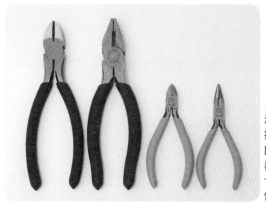

走進商店一看,工具類排在電子勞作用的器具區,也有電氣工程用的器具。請注意器具的尺寸差異頗大。右邊才是電子勞作用的器具。

用身邊的物品下工夫

電子勞作時不只專門用具,也經常用到平時使用的文具。這些都能在文具店、家居用品商城或均一價商店裡買到,也可以自己下點工夫找到替代品,或是挑選更好用的器具。

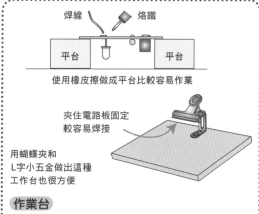

焊線　烙鐵

平台　平台

使用橡皮擦做成平台比較容易作業

夾住電路板固定較容易焊接

用蝴蝶夾和L字小五金做出這種工作台也很方便

作業台
為避免桌子燒焦或刮傷,鋪上合板或厚紙板當作底紙再進行作業。

零件盤
電子零件既小又容易遺失,所以要準備盤子或盒子放零件。

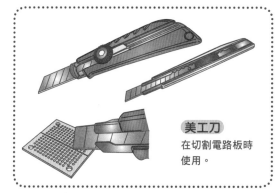

美工刀
在切割電路板時使用。

孩子開始做電子勞作時,如果想備齊基本器具,建議您利用月刊雜誌《兒童的科學》的網路商店商店「KoKa Shop!」。推薦給孩子的必備工具皆是成套販售喔!(僅寄送日本國內)

「KoKa Shop!」
shop.kodomonokagaku.com

需要的零件

　　本書中實驗與勞作所使用的零件清單如下所述。請根據清單自己準備零件（零件的取得方式請參照第54頁）。

　　在試驗板的實驗中，可以自一項作品抽取出零件，並將其重新插入另一項作品，所以下方列出實驗中所使用零件的最低需求數量。至於如果想保存完成的作品，下一頁列舉了作品的編號及該作品所需的零件數量。

第1～3章試驗板的實驗中所使用的零件清單

●電晶體：
　2SC1815 ·························· 2個
　2SA1015 ·························· 1個

●光電晶體：
　NJL7502L ·························· 1個

●LED：紅 (2.0V20mA) ·············· 2個

●電阻器：
　10Ω 1/4w（棕黑黑金）·············· 1個
　51Ω 1/4w（綠棕黑金）·············· 2個
　75Ω 1/4w（紫綠黑金）·············· 2個
　1kΩ 1/4w（棕黑紅金）·············· 2個
　10kΩ 1/4w（棕黑橙金）············· 2個
　100kΩ 1/4w（棕黑黃金）············ 1個
　200kΩ 1/4w（紅黑黃金）············ 1個

●可變電阻器：
　10kΩ ···························· 1個
　100kΩ ··························· 1個

●電解電容器：
　10μF　50V ····················· 3個
　100μF　25V ···················· 2個
　220μF　25V ···················· 1個

●積層陶瓷電容器：
　0.047μF ························ 1個

●喇叭：8Ω 小型 ···················· 1個
●單聲道微型插孔： ·················· 1個
●IC：LM386 ······················ 1個
●輕觸開關： ······················ 2個
●滑動開關： ······················ 2個
●電池盒＆電池扣：
　3號電池1顆用 ···················· 1組
　3號電池2顆用 ···················· 1組
　3號電池3顆用 ···················· 1組
●電池：3號電池 ···················· 3顆
●試驗板： ························· 1片
●試驗板用跳線： ··················· 11條
●雙頭鱷魚夾導線： ················· 2條
●漆包線（聚氨酯銅線）： ············ 15.5m
●廁紙卷芯： ······················ 1個
　鍍錫線 ·························· 少許

◎ 作品 No.01
LED檢測器零件清單

- ●電阻器：51Ω 1/4w（綠棕黑金） ……………… 1個
  - 100Ω 1/4w（棕黑棕金） ……………… 1個
  - 200Ω 1/4w（紅黑棕金） ……………… 1個
- ●電池盒＆電池扣：3號電池3顆用 …………… 1組
- ●電池：3號電池 ………………………………… 3顆
- ●試驗板： ………………………………………… 1片
- ●試驗板用跳線： ………………………………… 3條

◎ 作品 No.02
感應燈零件清單

- ●電晶體：2SC1815 ……………………………… 2個
- ●光電晶體：NJL5702L ………………………… 1個
- ●LED：白（3.4V20mA） ……………………… 2個
- ●電阻器：1MΩ 1/4w（棕黑綠金） …………… 1個
  - 1kΩ 1/4w（棕黑紅金） …………… 1個
  - 300Ω 1/4w（橙黑棕金） …………… 2個
- ●萬用電路板：15×15洞 ………………………… 1片
- ●電池扣： ………………………………………… 1個
- ●電池：006P型 ………………………………… 1顆

◎ 作品 No.03
人體發聲器零件清單

- ●電晶體：2SA1015 ……………………………… 1個
  - 2SC1815 ……………………………… 1個
  - 2SC2655 ……………………………… 1個
- ●電解電容器：100μF 25V …………………… 1個
- ●積層陶瓷電容器：0.01μF …………………… 1個
- ●開關：小型滑動開關 …………………………… 1個
- ●萬用電路板：15×15洞 ………………………… 1片
- ●喇叭：8Ω 小型 ………………………………… 1個
- ●鱷魚夾導線： …………………………………… 2條
- ●電極：環形小五金 ……………………………… 2個
- ●電池盒＆電池扣：3號電池2顆用 …………… 1組
- ●電池：3號電池 ………………………………… 2顆
- 鍍錫線 …………………………………………… 少許

◎ 作品 No.04
迷你收音機零件清單

- ●電晶體：2SC1815 ……………………………… 2個
- ●電阻器：510kΩ 1/4W（綠棕黃金） ……… 4個
- ●電解電容器：1μF 25V ……………………… 1個
- ●積層陶瓷電容器：0.1μF ……………………… 1個
- ●微型電感器：330μH …………………………… 1個
- ●可變電容器：AM收音機用可變電容器 ……… 1個
- ●鱷魚夾： ………………………………………… 1個
- ●微型插孔：單聲道 ……………………………… 1個
- ●陶瓷耳機：附迷你插頭 ………………………… 1個
- ●開關：小型撥動開關 …………………………… 1個
- ●萬用電路板：15×15洞 ………………………… 1片
- ●電池扣： ………………………………………… 1個
- ●電池：006P型 ………………………………… 1顆
- 鍍錫線、雙面膠襯、乙烯樹脂電線 …………… 少許

◎ 作品 No.05
聲控風扇零件清單

- ●電晶體：2SC1815 ……………………………… 3個
  - 2SC2236 ……………………………… 1個
- ●二極體：1N4002 ……………………………… 1個
- ●電阻：10MΩ 1/4W（棕黑藍金） …………… 1個
  - 5.1kΩ 1/4W（綠棕紅金） ………… 1個
  - 1kΩ 1/4W（棕黑紅金） …………… 2個
- ●電解電容器：100μF 16V …………………… 1個
  - 2.2μF 50V …………………… 1個
- ●電容式麥克風： ………………………………… 1支
- ●開關：小型撥動開關 …………………………… 1個
- ●萬用電路板：15×15洞 ………………………… 1片
- ●電池盒＆電池扣：3號電池×2顆用 ………… 1組
- ●電池：3號電池 ………………………………… 2顆
- ●馬達：FA-130型 ……………………………… 1組
- ●風扇：3枚式 …………………………………… 1組
- ●座架用厚紙板
- 鍍錫線、乙烯樹脂電線 ………………………… 少許

● 作品 No.06 ‧‧‧‧‧‧‧‧‧‧‧‧‧‧‧‧‧‧
光影交替發聲器零件清單

- ●電晶體：2SC1815 ‧‧‧‧‧‧‧‧‧‧‧‧‧‧‧‧‧‧‧ 1個
- 　　　　2SC2120 ‧‧‧‧‧‧‧‧‧‧‧‧‧‧‧‧‧‧‧ 1個
- ●光電晶體：NJL7502L ‧‧‧‧‧‧‧‧‧‧‧‧‧‧‧‧ 1個
- ●LED：高輝度 藍 (3.5V 30mA) ‧‧‧‧‧‧‧ 1個
- ●電阻器：10kΩ 1/4w (棕黑橙金) ‧‧‧‧‧‧‧ 1個
- 　　　　1kΩ 1/4w (棕黑紅金) ‧‧‧‧‧‧‧‧‧ 1個
- 　　　　75Ω 1/4w (紫綠黑金) ‧‧‧‧‧‧‧‧ 1個
- ●可變電阻器＆旋鈕：B型 100kΩ ‧‧‧‧‧ 1組
- ●電解電容器：100μF 16V ‧‧‧‧‧‧‧‧‧‧‧ 1個
- ●喇叭：8Ω 小型 ‧‧‧‧‧‧‧‧‧‧‧‧‧‧‧‧‧‧‧‧ 1個
- ●開關：撥動開關 ‧‧‧‧‧‧‧‧‧‧‧‧‧‧‧‧‧‧‧‧ 1個
- ●萬用電路板：15×15洞 ‧‧‧‧‧‧‧‧‧‧‧‧‧ 1片
- ●電池盒：4號電池×3顆用附導線 ‧‧‧‧‧ 1個
- ●電池：4號電池 ‧‧‧‧‧‧‧‧‧‧‧‧‧‧‧‧‧‧‧‧ 3顆

鍍錫線、乙烯樹脂電線、雙面膠、厚紙板 ‧‧‧‧‧‧ 少許

● 作品 No.07 ‧‧‧‧‧‧‧‧‧‧‧‧‧‧‧‧‧
電容式計時器零件清單

- ●電晶體：2SA950 ‧‧‧‧‧‧‧‧‧‧‧‧‧‧‧‧‧‧‧ 1個
- 　　　　2SC2120 ‧‧‧‧‧‧‧‧‧‧‧‧‧‧‧‧‧‧‧ 7個

※這個迴路所使用的電晶體2SC2120、2SA950目前已停售，難以取得。
2SC2120可用2SC2655L或8050SL替代；2SA950則可以改用
2SA1020L或8550SL。

- ●LED：高輝度 紅 (1.8V 20mA) ‧‧‧‧‧‧‧ 2個
- 　　　高輝度 綠 (1.9V 20mA) ‧‧‧‧‧‧‧ 1個
- ●電阻器：510kΩ 1/4w (綠棕黃金) ‧‧‧‧ 1個
- 　　　　220kΩ 1/4w (紅紅黃金) ‧‧‧‧‧ 1個
- 　　　　100kΩ 1/4w (棕黑黃金) ‧‧‧‧‧ 2個
- 　　　　10kΩ 1/4w (棕黑橙金) ‧‧‧‧‧‧ 1個
- 　　　　1kΩ 1/4w (棕黑紅金) ‧‧‧‧‧‧‧ 3個
- 　　　　75Ω 1/4w (紫綠黑金) ‧‧‧‧‧‧‧ 3個
- ●電解電容器：220μF 25V ‧‧‧‧‧‧‧‧‧‧‧ 3個
- ●積層陶瓷電容器：0.1μF ‧‧‧‧‧‧‧‧‧‧‧‧ 1個
- ●喇叭：8Ω 小型 ‧‧‧‧‧‧‧‧‧‧‧‧‧‧‧‧‧‧‧‧ 1個
- ●開關：小型滑動開關 ‧‧‧‧‧‧‧‧‧‧‧‧‧‧‧ 1個
- 　　　輕觸開關 ‧‧‧‧‧‧‧‧‧‧‧‧‧‧‧‧‧‧‧‧ 1個
- ●萬用電路板：25×15洞 ‧‧‧‧‧‧‧‧‧‧‧‧‧ 1片
- ●電池盒：5號電池×2顆用 ‧‧‧‧‧‧‧‧‧‧‧ 1個
- ●電池：5號電池 ‧‧‧‧‧‧‧‧‧‧‧‧‧‧‧‧‧‧‧‧ 2顆

鍍錫線、乙烯樹脂電線、雙面膠 ‧‧‧‧‧‧‧‧‧‧‧‧ 少許

● 作品 No.08 ‧‧‧‧‧‧‧‧‧‧‧‧‧‧‧‧‧‧
RGB顯影儀零件清單

- ●電晶體：2SC1815 ‧‧‧‧‧‧‧‧‧‧‧‧‧‧‧‧‧‧‧ 3個
- ●LED：高輝度廣角 紅 (2.2V70mA) ‧‧‧‧ 1個
- 　　　高輝度廣角 綠 (3.6V50mA) ‧‧‧‧ 1個
- 　　　高輝度廣角 藍 (3.3V50mA) ‧‧‧‧ 1個
- ●電阻器：10kΩ (棕黑橙金) ‧‧‧‧‧‧‧‧‧‧‧ 3個
- 　　　　1kΩ (棕黑紅金) ‧‧‧‧‧‧‧‧‧‧‧‧ 3個
- 　　　　51Ω (綠棕黑金) ‧‧‧‧‧‧‧‧‧‧‧‧ 3個
- ●可變電阻器：100kΩ ‧‧‧‧‧‧‧‧‧‧‧‧‧‧‧ 3個
- 　　　　　　旋鈕 ‧‧‧‧‧‧‧‧‧‧‧‧‧‧‧‧‧‧ 3個
- ●開關：小型撥動開關 ‧‧‧‧‧‧‧‧‧‧‧‧‧‧‧ 1個
- ●萬用電路板：25×15洞 ‧‧‧‧‧‧‧‧‧‧‧‧‧ 1片
- ●電池盒：3號電池×3顆用附導線 ‧‧‧‧‧ 1個
- ●電池：3號電池 ‧‧‧‧‧‧‧‧‧‧‧‧‧‧‧‧‧‧‧‧ 3顆

鍍錫線、乙烯樹脂電線、雙面膠 ‧‧‧‧‧‧‧‧‧‧‧‧ 少許

● 作品 No.09 ‧‧‧‧‧‧‧‧‧‧‧‧‧‧‧‧‧‧
歐咿警報器零件清單

- ●電晶體：2SA950 ‧‧‧‧‧‧‧‧‧‧‧‧‧‧‧‧‧‧‧ 1個
- 　　　　2SC2120 ‧‧‧‧‧‧‧‧‧‧‧‧‧‧‧‧‧‧‧ 5個

※這個迴路所使用的電晶體2SC2120、2SA950目前已停售，難以取得。
2SC2120可用2SC2655L或8050SL替代；2SA950則可以改用
2SA1020L或8550SL。

- ●LED：藍 (3.4V20mA) ‧‧‧‧‧‧‧‧‧‧‧‧‧‧ 1個
- 　　　紅 (2.1V20mA) ‧‧‧‧‧‧‧‧‧‧‧‧‧‧ 1個
- ●電阻器：10kΩ 1/4w (棕黑橙金) ‧‧‧‧‧ 2個
- 　　　　5.1kΩ 1/4w (綠棕紅金) ‧‧‧‧‧ 1個
- 　　　　1kΩ 1/4w (棕黑紅金) ‧‧‧‧‧‧‧ 1個
- 　　　　150Ω 1/4w (棕綠棕金) ‧‧‧‧‧‧ 1個
- 　　　　75Ω 1/4w (紫綠黑金) ‧‧‧‧‧‧‧ 1個
- ●半固定電阻器：100kΩ ‧‧‧‧‧‧‧‧‧‧‧‧‧ 2個
- 　　　　　　　10kΩ ‧‧‧‧‧‧‧‧‧‧‧‧‧‧‧ 1個
- ●電解電容器：100μF 16V ‧‧‧‧‧‧‧‧‧‧‧ 3個
- ●積層陶瓷電容器：0.1μF ‧‧‧‧‧‧‧‧‧‧‧‧ 1個
- ●開關：小型撥動開關 ‧‧‧‧‧‧‧‧‧‧‧‧‧‧‧ 1個
- ●萬用電路板：15×25洞 ‧‧‧‧‧‧‧‧‧‧‧‧‧ 1片
- ●電池：鈕扣型LR44 ‧‧‧‧‧‧‧‧‧‧‧‧‧‧‧‧ 3顆

鍍錫線 (細、粗)、乙烯樹脂電線、雙面膠、
熱收縮管、透明膠帶、厚紙板 ‧‧‧‧‧‧‧‧‧‧‧‧‧ 少許

◉ 作品 No.10
燈飾立體透視模型零件清單

- ●電晶體：2SC1815 ················· 6個
- ●LED：高輝度 藍 (3.3V20mA) ········· 1個
　　　　高輝度 綠 (3.6V20mA) ········· 2個
　　　　高輝度 紅 (2.0V50mA) ········· 2個
　　　　高輝度 黃 (2.1V50mA) ········· 1個
- ●電阻器：22kΩ 1/4w (紅紅橙金) ······ 2個
　　　　　15kΩ 1/4w (棕綠橙金) ······ 2個
　　　　　10kΩ 1/4w (棕黑橙金) ······ 2個
　　　　　150Ω 1/4w (棕綠棕金) ······ 3個
　　　　　75Ω 1/4w (紫綠黑金) ······· 3個
- ●電解電容器：220μF16V ············ 1個
　　　　　　　100μF16V ············ 6個
- ●開關：小型滑動開關 ··············· 1個
- ●萬用電路板：30×25洞 ············· 1片
- ●電池盒＆電池扣：4號電池×3顆用 ····· 1組
- ●電池：4號電池 ·················· 3顆
- 鍍錫線、雙面膠、圖畫紙 (薄) ·········· 少許

◉ 作品 No.11
線條追蹤器零件清單

- ●電晶體：2SC1815 ················· 2個
　　　　　2SD1828 ················· 2個
- ●光電晶體：NJL7502L ·············· 2個
- ●LED：高輝度 紅 (2.0V 20mA) ········ 1個
- ●LED 光擴散罩：白 ················ 1個
- ●電阻器：1kΩ 1/4W (棕黑紅金) ······ 2個
　　　　　75Ω 1/4W (紫綠黑金) ······ 1個
- ●可變電阻器：100kΩ ··············· 2個
- ●積層陶瓷電容器：0.1μF ··········· 2個
- ●開關：小型滑動開關 ··············· 1個
- ●萬用電路板：15×15洞 ············· 1片
- ●電池盒＆電池扣：3號電池×2顆 ······· 1組
- ●電池：3號電池 ·················· 2顆
- ●乙烯樹脂電線：12cm ·············· 8條
- ●驅動系統：田宮雙馬達齒輪箱 ········· 1組
　　　　　　田宮卡車輪胎組 ··········· 1組
　　　　　　　　　　　　　(輪胎2個)
　　　　　　田宮圓型球輪 ············ 1組
　　　　　　田宮萬用板 ·············· 1片
- 鍍錫線、雙面膠、圖畫紙 (跑道用) ········ 少許

◉ 第6章微電腦實驗中
使用的零件清單

- ●電晶體：2SC1815 ················· 3個
- ●光電晶體：NJL7502L ·············· 1個
- ●熱阻器：103AT-2 ················· 1個
- ●LED：紅 (2.1V20mA) ·············· 1個
　　　　黃 (2.3V20mA) ·············· 1個
　　　　藍綠 (3.6V20mA) ············ 1個
　　　　藍 (3.5V20mA) ·············· 1個
　　　　白 (3.5V20mA) ·············· 4個
- ●電阻器：75Ω 1/4w (紫綠黑金) ······ 4個
　　　　　100Ω 1/4w (棕黑棕金) ······ 1個
　　　　　150Ω 1/4w (棕綠棕金) ······ 2個
　　　　　1kΩ 1/4w (棕黑紅金) ······· 3個
　　　　　10kΩ 1/4w (棕黑橙金) ······ 1個
- ●可變電阻器：100kΩ ··············· 1個
- ●試驗板： ······················ 1片
- ●跳線：試驗板用 ·················· 8條
　　　　公母線 (樹莓派用) ············ 5條
　　　　公公線 (Arduino用) ·········· 6條

關於本書的標示

　　本書盡可能淺顯易懂地標示迴路圖與勞作範例。基本上使用的迴路圖是按照JIS規格，不過有一小部分使用其他規格。這時請對照立面圖加以確認。

　　另外勞作範例中所用的電子零件，採用的是製作本書當時能取得的零件，但有可能已經停產、終止販售等市面上沒有流通的情況。這時，雖然可以使用替代品，不過零件的端子位置可能不同，視情況得變更電路板配線。

迴路圖的標示

電路的交點有通電時為黑色圓點，
未通電時則是跳過的標記。

連接的部分標上
黑色圓點

未連接的部分
以跳過標記

零件圖的標示

各零件與迴路圖記號如下方配合立面圖分別標示。
形狀與顏色請做為購買零件與勞作的參考。

電晶體的極性

2SC1815

C（集極）

B（基極）

E（射極）

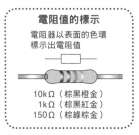

電阻值的標示

電阻器以表面的色環
標示出電阻值

10kΩ（棕黑橙金）
1kΩ（棕黑紅金）
150Ω（棕綠棕金）

電解電容器的極性

100μF

記號

針腳較短者或
有記號的一邊
為負極

試驗板配線圖的標示

· 以紅色標示的部分是零件端子的插入孔。
· 零件配線如圖所示。
· 試驗板圖的基本設計是上排接電源正極，下排接電源負極。雖然各頁的試驗板圖有省略，不過零件組裝完畢後，請在上排插上電源正極、下排插上電源負極通電。

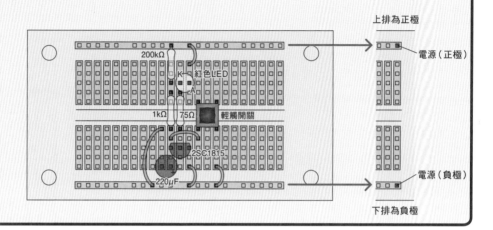

上排為正極

電源（正極）

電源（負極）

下排為負極

萬用電路板配線圖的標示

· 萬用電路板以實際尺寸標示。
· 分別刊出從零件面和焊接面所見的圖。
· 黑色粗線表示用零件針腳和鍍錫線配線之處。
· 黑色圓點是焊接的部分。
· 白色圓點是焊接後，連接到外部的部分。

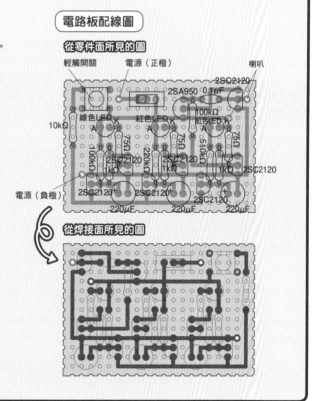

電路板配線圖

從零件面所見的圖

從焊接面所見的圖

注意事項

　　原則上，做勞作發生意外是自己的責任。電子勞作會用到發熱的烙鐵，還有美工刀等刀刃。進行作業時要充分注意，避免操作時發生意外或受傷。另外，焊接時請注意避免吸入煙或蒸氣。

　　勞作範例等本書記載的例子在設計時已十分注意，不過配線錯誤或不小心引起短路等，可能會導致發燙或零件損壞，甚至是起火等事故。完成的作品在不使用時請將電池取下。另外，啟動時要是感覺有異味、發燙或冒煙，請立刻關閉電源以策安全。

　　本書以小學3年級以上為對象。但是，理論說明等部分對小學生來說有點難。只要慢慢理解便可，先體驗介紹的實驗與製作作品的樂趣吧！另外，請身邊的大人要十分注意不要讓年紀較小的孩童拿到工具與零件，避免造成危險。

請遵守以下約定

- ●若是覺得發燙或有燒焦味，請立刻拔掉電源。
- ●做勞作時的環境一定要整理乾淨。
- ●不可吸入焊接的煙或蒸氣。一定要不時通風換氣。

第1章

接電

電子勞作是將具有
各種功能的零件
接上電力做成裝置。
在第1章將學習
以簡單的迴路
接電的基礎。

讓燈泡發亮

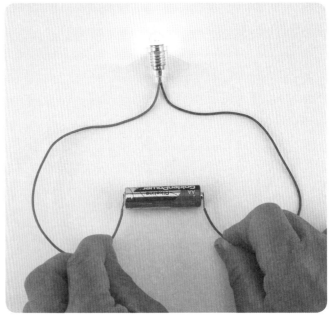

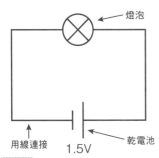

燈泡

用線連接　1.5V　乾電池

圖1-1

這種圖叫做迴路圖。燈泡與電池分別以記號表示，電流通過的部分用線連接。

端子

電線與電子零件等電力連接的部分，一般稱作端子。是金屬接觸，電流通過的部分。

電極

端子中使零件發揮功能，或用來測量的部分。特別指卸下後，與其他零件搭配極性時的端子。

從最簡單的迴路開始

乾電池的正極、負極分別接上燈泡的導線（**端子**），燈泡就會發光。這能以 **1-1** 的迴路圖表示。

燈泡外側的螺旋部分與根部突起處是**電極**，而連接兩者的金屬線在玻璃球內。這種金屬叫做燈絲，仔細一看，它是呈線圈狀纏繞的細線（**1-2**）。

電流通過後由於燈絲的電阻而發熱、發光。這稱為熱輻射。例如釘子用電爐烤過就會變紅發亮，是同樣的道理。發熱的金屬與周圍的氧氣結合就會氧化，雖然會被熱切斷，不過在玻璃球內沒有氧氣等氣體，所以燈絲會持續發光。

話雖如此，這種狀態下熱會導致金屬疲勞，燈絲遲早還是會斷掉。這就是燈泡的壽命。

燈絲

圖1-2

電壓與電流的高低之差

電流（或電荷）會從正極流向負極，如同水由高處流向低處一樣。3號電池等常用的乾電池，1顆的電壓為1.5V。電壓也叫做電位差，是正極與負極之差。

話說，前面說過燈泡是因為燈絲的電阻而發熱，所謂電阻可以想像成妨礙電流的東西。藉由阻擋流動的電力，就可以調節電流。這時電能會轉變為熱等其他能量。

換句話說，燈泡是將電轉變為熱能，再變換為光能的裝置。

換個觀點把燈泡想成電阻器，便是 **1-3** 的迴路圖。

這個迴路中，1.5V的電壓加在電阻器之上。那麼，實際上有多少電流（A）流過呢？這是由電阻的大小，也就是電阻值（Ω）決定的。即使承受的電壓相同，電阻愈大電流量就愈少；電阻愈小則電流量愈多。這可以利用「歐姆定律」計算求出。

電壓

正極與負極的電流高低差也叫做電位差，或是稱為電壓。單位為V（伏特）。

電阻器

1.5V

圖1-3

電流

在引線、導線中流過的電量，也叫做移動的自由電子量。單位為A（安培）。

電阻值

阻礙不讓電流流動就叫做電阻，而它的大小稱為電阻值。單位為Ω（歐姆）。

---

point!

歐姆定律

$$電流（A）＝ \frac{電壓（V）}{電阻（Ω）}$$

左邊的公式標示為
電流＝電壓／電阻。

1-3迴路圖的電阻器為10Ω時，若計算流經這個迴路的電流，便是

1.5V ／ 10Ω ＝ 0.15A ＝ 150mA

此外，乾電池串聯連接變成3V，電力流經同樣的電阻器時，便是

3V ／ 10Ω ＝ 0.3A ＝ 300mA

電流的值會變高。換言之，將有更多的電通過。由此可知乾電池愈多燈泡就會愈亮。但是燈泡變亮，表示燈絲也會變熱，電壓過高，燈絲就會因為熱而燒斷。

讓LED發光

試驗板

零件的端子插入孔洞便可接上的方便
電路板。在孔洞內連接的部分與未連
接的部分可分別使用。

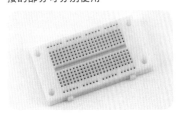

燈泡和LED的差別

　　燈泡是因為燈絲的電阻而發光發熱，所以就算電池反
過來接上，只要電流通過就會發光，但如果換成LED呢？

　　首先我們接上LED試試。和燈泡同樣接上乾電池時，
在本書的實驗中會用到方便的**試驗板**。電子零件的端子
（針腳）插上試驗板便可連接，是非常方便的實驗用電路
板。多個排列的孔洞，縱向5個分別是共通的連接，不會
連到隔壁的一列。

　　那麼，讓我們使用試驗板將LED直接接上乾電池。迴
路圖如**1-4**所示。LED和燈泡不同，它具有極性。正極
接上陽極、負極接上陰極的電極才會發亮。這藉由端子的
長度可以辨別。端子較長者為陽極，較短者為陰極。若正

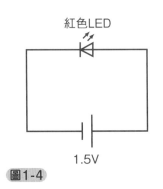

紅色LED

1.5V

圖1-4

連接試驗板的孔洞
配線時，要使用跳
線和專用線。

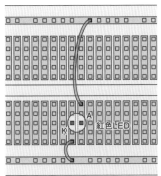

試驗板的平面安裝圖。試驗
板的藍色部分有接電。本書
使用的試驗板上下排橫向連
結，中間區塊的縱向5個分
別連在一起。紅色部分是試
驗板用來插入零件的孔
洞。

確地連接，LED就會微微發光。大家可以反過來接一次，確認有何不同。

另外，假如把LED弄壞也無所謂的人，可以把2顆電池串聯提高電壓。這麼一來LED就會變亮，或者可能會瞬間點亮又熄滅。這時即使再重接一次，也不會發光，因為LED燒壞了 注意 。那麼，微微點亮的狀態就是LED的發光狀態嗎？

注意

壞掉時有可能破裂，一定要充分注意。

LED的機制

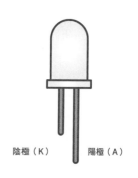

陰極（K）　　陽極（A）

LED的發光機制和燈泡燈絲的熱輻射全然不同。它的材料是半導體。半導體有N型和P型，2者接合構成形狀。N型大多是負電，P型大多是正電，交接處正電與負電互相抵消，在電極方面形成中立狀態（空乏層）。N型的電極叫做陰極，P型的電極叫做陽極。帶有負電的電子移動，電就會從正電流向負電。

從陰極流出的電子，就會流入N型半導體，變多的電子越過空乏層，便流入P型半導體的部分。這時附在正電上，在此將能量轉變為光。

燈絲的熱輻射是因為電阻而發熱，並藉此發光，LED則是電子的能量在半導體內部變成光，這是非常有效率的發光素材。

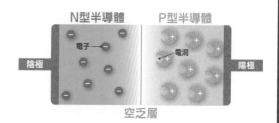

陽極接上正極、陰極接上負極後，電子會從陰極流入，進入正極的電洞，變成光發出能量

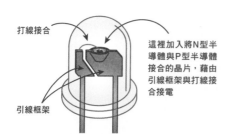

這裡加入將N型半導體與P型半導體接合的晶片，藉由引線框架與打線接合接電

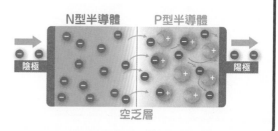

數據表 (data sheet)

各零件廠商發行的零件相關說明書。記載了零件的性能、使用條件與操作方法等。

讓LED通過適當的電流

要讓LED發光發亮，需要適合LED的適當電流。而寫有這種內容的零件說明書就叫做**數據表（data sheet）**。

這裡使用的LED上面有「2V20mA」的文字。這就是適合這種LED的（額定）電流，可獲得效率最佳、安全且最亮的光線。若是超過限度的電壓、電流會使LED損壞。那要怎麼做才能符合額定的電壓與電流呢？

拿乾電池作為電壓的例子時，負極是低處、正極是高處，這個差距就是電壓。想像負極為0V，正極有1.5V的高度，這樣或許比較簡單易懂。

2顆乾電池串聯連接時，1.5V的高度再往上加，合計便是3V（**1-5**）。

那麼回到LED的額定，因為需要2V的電壓，首先要準備比2V還高的電壓。2顆乾電池串聯便是3V，LED需要的電壓是2V，所以多出1V。將多餘的電壓分到他處，就會剛好獲得2V的電壓。這時要使用電阻器。把電壓分給電阻器和LED就叫做**分壓**。那麼該使用幾Ω的電阻器呢？請看**1-6**。

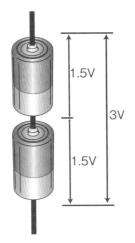

圖1-5

因為想讓20mA的電流流經這個迴路，利用歐姆定律計算電阻值，則電阻＝電壓／電流，所以1V／0.02A＝50Ω，若有50Ω的電阻值便符合額定。然而，50Ω的電阻器不是通用的產品，所以要使用51Ω（電阻器的電阻值看法請參照第33頁）。如此便能設計出適合LED性能的通電迴路。

電流太大會使LED損壞，實際上使用這種電阻值大一點的電阻器會比較安全。

分壓

零件串聯連接時，各零件分別會承受電壓。換言之，整體的電壓是由各零件分攤。

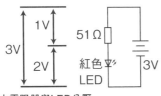

由電阻器與LED分壓
圖1-6

作品 No.01

LED檢測器

若是透明外觀的LED，其實無法直接辨別這個LED會發出哪種顏色的光。紅、黃綠色系通常是2V20mA左右；藍、綠、白色系則大多是3.5V20mA的產品，依照發光顏色使用的電阻器也會不同。假如這些零件混在一起，分不清楚一定會很困擾吧？因此，如果有簡易的LED檢測器就很方便。

這就是作品！

做法

❶用鉗子把51Ω、100Ω、200Ω的電阻器針腳折成直角，參考試驗板圖，插入正確孔洞的位置。同樣插入跳線。

❷3號電池3顆的電池盒正極（紅線）插入試驗板上排，負極（黑線）插入下排。

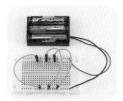
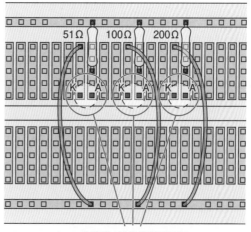

一次接上1個想檢測的LED

用法

試驗板由左至右為A行、B行、C行，將LED插入試驗板圖的位置，檢測LED的顏色。右邊的迴路圖下方，記載了對應各種LED的電壓電流的值。

電池裝入電池盒後，首先以C行測試。若發出紅光便是紅色LED。光線微弱不清楚時，就改用B行、A行測試。藍、綠色系藉此應該能點亮。高輝度需要50mA的LED，也能藉由A行確認。

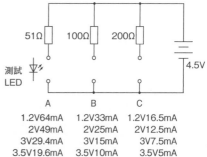

A	B	C
1.2V64mA	1.2V33mA	1.2V16.5mA
2V49mA	2V25mA	2V12.5mA
3V29.4mA	3V15mA	3V7.5mA
3.5V19.6mA	3.5V10mA	3.5V5mA

測試LED　51Ω　100Ω　200Ω　4.5V

轉動馬達

馬達的記號

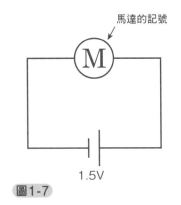

1.5V

圖1-7

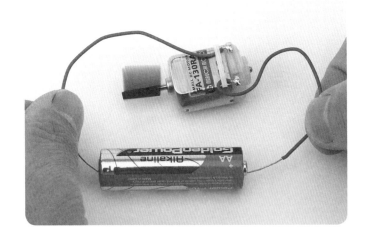

由電力產生驅動力

提到藉由電力運轉的東西，就會想到電風扇或洗衣機等家電產品、模型玩具車或最近的空拍機。這些東西的可動部分幾乎全都使用了馬達。若是模型用的馬達，在玩具店也有販售，所以能輕易取得。就讓我們趕緊來轉動馬達吧！

製作模型必備的馬達，是使用MABUCHI FA-130型。和其他產品相同，我們先看包裝盒旁邊記載的性能表，上面寫著「適當電壓1.5V，消耗電流500mA」。也就是說，用1顆乾電池就能轉動。馬達有連接導線，我們立刻接上乾電池試試。

我們直接用手指捏著導線接觸乾電池的正極和負極（**1-7**）。隨著「嘰嘰」的聲音，軸心（shaft）開始轉動。直接看可能看不出來，大家可以用膠帶將小紙片貼在軸心。這麼一來，就能看清楚正在旋轉。

仔細看馬達，導線分成紅色和藍色。那麼，這時我們反過來接上電極看看。結果，雖然還是會旋轉，不過旋轉方向卻相反。也就是說，正極、負極反過來，就能輕易地正旋、逆旋。如果應用這點，模型車就能藉由電力控制前進、後退。

馬達的機制

　　雖然馬達有各種種類，不過在此要介紹一般的直流馬達的機制。

　　導線通電後周圍便會產生磁場。雖然我們看不見磁力，不過用圖表示便如右圖。磁力用線來表示，這稱為磁力線，而磁力的有效空間就稱為磁場。磁力線相對於電流方向會產生右旋。

　　另外，磁鐵有N極和S極；N極與N極、S極與S極會互相排斥，N極和S極則會彼此吸引。同樣地，導線周圍產生的磁場也有N極和S極，如同電會從正極流向負極，磁力線也會從N極朝向S極前進。

　　話說，1條導線的磁力很弱，導線變成線圈狀產生的磁力會重疊，也會變強，這就叫做電磁鐵。因為是藉由電力創造的磁場，電力沒通過磁場也會消失。此外電流相反，N極和S極也會相反。

　　馬達的機制是，利用電力所創造的磁場與磁鐵的磁性，藉由吸引與排斥獲得旋轉運動。右圖是雙極馬達，而實驗中使用的是線圈配置成三角形的3極馬達。3極馬達的構造是，根據電力的連接方式決定旋轉方向。

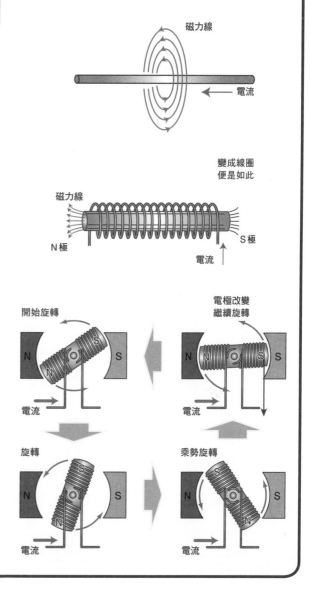

各種接電方式

圖1-8

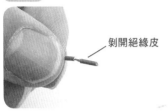

剝開絕緣皮

纏繞連接

接線片
連接零件端子與導線的端子,以薄金屬板製成。
形狀包含蛋形以及細長形,有開孔容易連接。

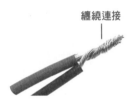

熱收縮管
遇熱收縮的乙烯基,或樹脂製的管子,用來包覆電線、導線等連接部分以達到絕緣的目的。

連接盤
指印刷電路板等用銅箔焊接的部分。萬用電路板上插入端子的孔洞部分是圓形銅箔。

電流不會通過玻璃或塑膠等非導體之中,但能通過金屬等導體內部。因此,大多數電線皆使用能通電的銅線,周圍則用橡膠或乙烯基等非導體達到絕緣。另外,LED等電子零件的端子通常都外露,若未處理妥當就會造成短路,或是無法通電。在此將會再次介紹配線和連接的器具與方法。

扭轉、捆扎電線
乙烯樹脂電線等電線,或是電線與零件連接時,剝開電線的絕緣皮後,直接扭轉銅線,纏繞在同樣剝開絕緣皮扭轉的另一條銅線上,或零件的端子部分上,使其接觸(**1-8**)。

電路板或電池盒的端子若是**接線片**,就將剝開絕緣皮的銅線通過接線片的孔洞,如包住般纏繞接線片。然後用膠帶或**熱收縮管**覆蓋,別讓銅線散開。但是,這個方法中金屬相互接觸的部分,有時會因振動或拉到電線而使接觸部分脫落。因此,在實驗或假設中也許能簡單組裝,卻有著耐久性方面的缺點。

焊接
這是做電子勞作不可缺少的技術。電路板連接電子零件或電線時,要熔解焊錫這種金屬來連接各個端子。這時會使用烙鐵這項器具。將鉻鐵頭碰觸零件的端子與電路板的**連接盤**或接線片,加熱後灌入焊錫熔解,端子與連接盤便會接上。

電路板不只是配線讓零件通電,還具有固定零件的作用,所以焊接一定要確實(參照第26頁)。

試驗板

一旦焊接後，修改就很費工夫。另外像萬用電路板的情形，電路板過度加熱連接盤就會剝落，或是無法修改。尤其做實驗有時得更換零件，所以適合使用不必焊接，簡易的試驗板。試驗板上縱向排列的5～6個孔洞彼此相連，不過與隔壁列並未相連。換言之，將零件的針腳插入相連的孔洞，便可以接電（參照第18頁）。

鱷魚夾

並非扭轉、捆扎電線，只是實驗性地想改變連接方式時，附有導線的鱷魚夾非常方便。它就像洗衣夾，前端夾住要連接的東西就能接上。絕緣護套鱷魚夾則是用乙烯基包覆夾尾的部分，所以可以用在細小的地方。若要用在更細小的部分，像IC夾這種小東西非常方便。

接腳、插座、插孔、接頭

主要安裝在電路板上，以插入零件或電線的形式連接，所以是焊接裝在電路板上。例如，若是有多片電路板的勞作，在補修或更換時即使不用全部取下，只要取下拆卸式的插孔（插入口）與接頭（連接部），就可以處理特定的部分。像IC插座，為避免焊接的熱度把IC弄壞，要先焊接插座，最後才把IC嵌上。

絕緣護套鱷魚夾

鱷魚夾

IC夾

接腳

插座（socket）

插座

接腳

焊接的基本

做電子勞作時，約30W的烙鐵最為適當。電力較大的，有時溫度會太高；而電力較小的，加熱需要花時間，兩者在使用上都不太稱手。

推薦使用的焊線為0.8～1.0mm。含鉛的有鉛焊錫在184℃會熔解，不過由於對環境的影響，最近較少被人使用。不含鉛的稱為「無鉛焊錫」，因為要220℃才會熔解，雖然多少得花時間，不過習慣後就不會在意。

零件的針腳插入電路板後，用鉻鐵頭碰觸端子與連接盤部分加熱（3～4秒），此時碰觸焊線熔解流入。把端子當成山頂，連接盤看作山麓，完成的形狀正好如富士山畫出平緩的曲線，便可算是焊接得不錯。焊錫變成一團凝固，或者有小洞，可能就會沒接好，焊接後要仔細查看確認。

把橡皮擦當作電路板的平台就很方便

桌上整理乾淨，準備像這樣的作業台。不使用烙鐵時，一定要放在烙鐵架上。

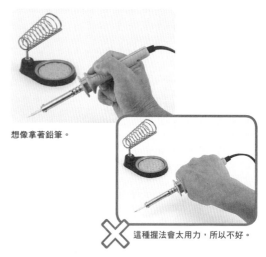

想像拿著鉛筆。

這種握法會太用力，所以不好。

從電路板的零件面（沒有貼連接盤的一面）插入零件。

翻過來，在焊接面折彎零件，別讓它脫落。

電路板直接平放零件會很礙事，把電路板放在橡皮擦做成的平台上，就很容易作業。

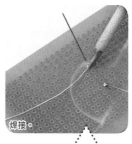

焊接。

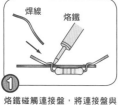

① 烙鐵碰觸連接盤，將連接盤與零件的端子加熱3～4秒。

② 用鉻鐵頭輕輕推焊錫熔解。想像流到整個連接盤。

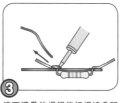

③ 流下適量的焊錫後把焊線拿開（烙鐵仍舊貼著！）。

④ 拿開烙鐵。

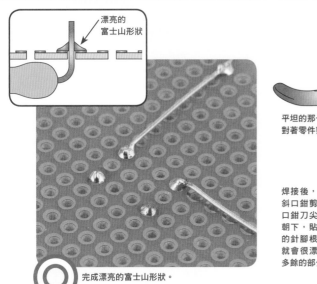

漂亮的
富士山形狀

完成漂亮的富士山形狀。

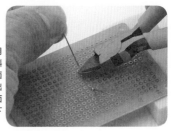

斜口鉗

這個斷面

平坦的那一面
對著零件剪斷

平坦的那一面
對著零件剪斷

焊接後，多餘的針腳用
斜口鉗剪掉。這時，斜
口鉗刀尖平坦的那一面
朝下，貼住從焊錫凸出
的針腳根，剪開的斷面
就會很漂亮，不會留下
多餘的部分。

　　焊線中含有樹脂，能讓焊錫容易附著在端子或連接盤上。樹脂遇熱會蒸發，所以要用鉻鐵頭熔解焊錫，附在鉻鐵頭上的焊錫如黏著劑般黏在焊接的地方，就無法漂亮地焊接。此外熔解的焊錫用鉻鐵頭移動也不會焊得漂亮。

　　像這樣焊錫黏得不好、焊錫沾上太多、或者溢到隔壁的連接盤時，就用吸錫線把多餘的焊錫吸走吧！

　　有時焊線會黏住。把鉻鐵頭先拿開，只留下焊線時就會發生這種情形。這時不要慌張，再一次接觸鉻鐵頭，焊線便會熔解，於是就能弄掉。

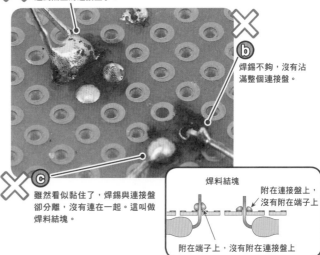

❌ ⓐ 連到隔壁的連接盤了！

❌ ⓑ 焊錫不夠，沒有沾滿整個連接盤。

❌ ⓒ 雖然看似黏住了，焊錫與連接盤卻分離，沒有連在一起。這叫做焊料結塊。

焊料結塊

附在連接盤上，
沒有附在端子上

附在端子上，沒有附在連接盤上

當失敗時⋯ 使用吸錫線。

用吸錫線貼住想拿掉焊錫的部分，從上方用烙鐵碰觸熔解焊錫。

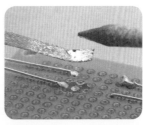

吸錫線吸走焊錫後，將吸錫線拿開。吸走焊錫部分的吸錫線，用斜口鉗剪下並處理掉。

練習焊接

試驗板只要插入零件就能組裝迴路，更換也很簡單，非常不錯，不過大小固定，所以在狹小的空間內組裝時很不方便。此外有時連接不夠確實，或者會和其他零件有不必要的接觸。針對這幾點，若是焊接就能確實連接，電路板的自由度也會提升，電子勞作的世界也會一口氣擴展。焊接在本書是無論如何都要學會的技術。

需要焊接的電子勞作，將從第4章的「製作裝置」開始登場，在此建議大家在那之前先練習掌握焊接的訣竅。任何事想要進步都必須練習，反正就是要多做幾次。話雖如此，焊接並非多難的技術，試過幾次就會抓到訣竅。之後再慢慢記住時機、焊線的熔滴和手臂與手指頭的用法等。拿1片萬用電路板當作練習用，使用多餘的電阻器或不要的零件，反覆練習掌握訣竅。

銘鐵頭也有焊錫容易附著和不易附著的部分。可以算是一種特性，請善加利用這點，用容易附著的部分加熱端子和連接盤等，加入一點自己的工夫。掌握銘鐵頭的特性後，很快地就能學會焊接的技術。

焊接的訣竅就是時機！

不怕失敗，按照下方指示的時機有節奏地練習吧！

1、2、3、4

同時加熱電路板的連接盤與零件，用銘鐵頭碰觸，在心裡數1、2、3、4。

5、6

數到5、6用焊線貼住熔滴。

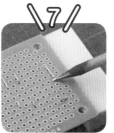

7

數到7拿開焊線。

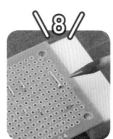

8

數到8拿開烙鐵便結束。學會掌握自己的節奏和時機吧！

第2章

使用電子零件

在組裝電子迴路之前，
首先對於構成迴路的
主要電子零件，
要先理解功能與特色。
利用試驗板一邊實驗
一邊確認零件的功能。

何謂電子零件？

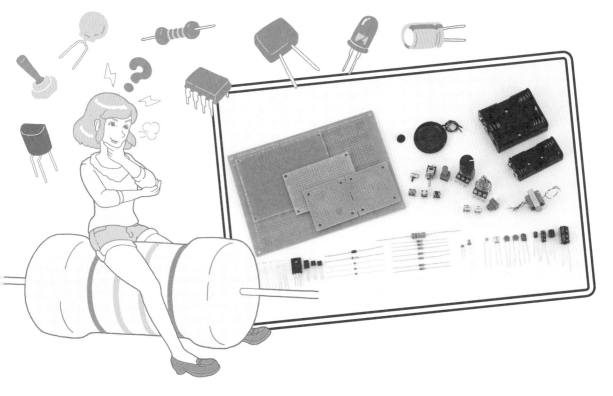

了解做勞作時經常用到的零件

　　所謂電子零件是指構成電子機器的零件，各自具有不同的功能。這些接電後通過適當的電流就會發揮作用。電子勞作作品的每個零件能發揮各自的作用，使作品整體做出目標動作。

　　電子零件也叫做組件，大致可分成主動組件和被動組件。

　　像電晶體或二極體等將電子訊號**增幅**或**整流**，主要讓電壓與電流產生變化的就叫做主動組件。另外像電容器或電阻器，藉由蓄積或消耗電力調整迴路與功能的就叫做被動組件。

　　接下來對於電子勞作中常用零件的用法，將利用試驗板一邊進行實驗一邊學習。

增幅
指小訊號變成大訊號。若是電晶體的情形，就是讓小電流變成大電流。

整流
指切斷電壓的負極部分，讓交流電變成直流電，或是改成正極，調整電流。

主動組件

電晶體
利用半導體實現獲得增幅功能與開關功能。

二極體
由半導體構成,具有讓電流單向通行的功能。用於整流或檢波。

LED
和二極體同樣由半導體所構成,不過電流單向通行時會發光。

感測器
藉由光的輸入產生增幅作用的光電晶體,或藉由熱改變電阻值的熱阻器等。

被動組件

電阻器
阻擋電流的零件。可調整流經迴路的電力,或製造電壓的高低差。

電容器
蓄積電力的零件。由於能充電和放電,可以利用時間差,或用於減輕噪音等用途。

線圈
將導線團團纏繞,藉此產生磁場,便具有各種功能。

變壓器
組合2個線圈,具有改變電壓的作用。

喇叭
利用線圈與磁鐵的作用,讓錐形管狀紙振動,並發出聲音。

使用電阻器

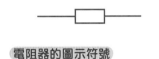

電阻器的圖示符號

調整成適當的電流

電阻器給人的印象是阻擋電流的零件。讓電力變成適當的電流，就能調整迴路。

讓我們以水流為例想像一下（**2-1**）。

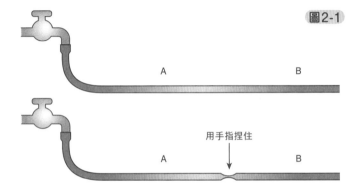

圖2-1

用手指捏住

假設接上水龍頭的橡皮水管中有水流動。A點與B點中間沒有任何障礙物，水流就是相同的，但假如用手指捏住A點和B點中間會是如何呢？如此一來就會妨礙水流，水流受到阻擋，於是A點與B點中間的水流就會改變。

在上流的A點水被堵住一定程度，在下流的B點少了被捏住的部分，水流便會減少。並且，水的壓力也會改變。而電力也一樣，電流的大小會改變，受到阻擋的上流與下流電壓也會不同。

現在大家是否可以想像電流中的電阻器？譬如第1章所說明的，如果有燈泡，則燈泡本身就是電阻器，所以電流會通過電阻而發光發熱，不過LED幾乎沒有電阻，要是電流過大就會損壞LED。因此，須加裝電阻器限制電流，將電流調整成適當的強度。

那麼，電阻是什麼？

金屬等可以通電的物體稱為導體或良導體。相對地，塑膠或玻璃等不通電的物體則叫做非導體或絕緣體。

其實，能通電的良導體也具有一定程度的電阻，不過由於非常小，通常都被忽視。另外，不通電的非導體並非完全不通電，但是也很少，所以也被忽視。位於中間的就叫做半導體（**2-2**）。

電流流動困難的程度稱為**電阻率**，相反地電流流動容易的程度稱為導電率。在此換個說法，電阻率很高的物體一般稱為非導體、絕緣體；電阻率很低、導電率高的物體則叫做導體、良導體。

圖2-2

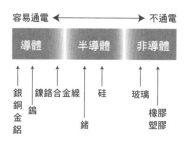

電阻率

電阻與導體的長度成比例，且與截面積成反比。換句話說，以同樣的物質構成的話，愈長則電阻愈高，愈粗則電阻愈低。若舉道路為例，印象中狹長的道路容易引起塞車，寬廣較短的道路則較少塞車。

電阻值的標示

電子零件的電阻器主要使用碳（carbon）或電阻率高的金屬材料，是兩端連接端子的構造。除此之外，還有接點能在電阻體上移動的可變電阻器和半固定電阻器。電阻值固定的電阻器會在零件表面印上幾條色環，電阻值的數字是用顏色辨別，稱作色碼。

顏色	數字
黑	0
棕	1
紅	2
橙	3
黃	4
綠	5
藍	6
紫	7
灰	8
白	9
金	5 %
銀	10%

電阻器以表面的色環（色碼）表示電阻值

1色環　2色環　3色環　4色環

接點
電阻體

像可變電阻器，接點在碳等電阻體上移動就能改變電阻值。

例如，若是「棕綠紅金」

1色環　2色環　3色環

$$15 \times 10^2 = 1500 = 1.5k\Omega$$

誤差為5%。

4色環

※從第8頁開始的零件清單皆有記載電阻器的色環，敬請作為挑選零件的參考。

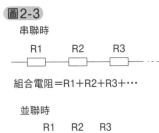

圖2-3

串聯時

R1　R2　R3

組合電阻＝R1＋R2＋R3＋…

並聯時

R1　R2　R3

$$\frac{1}{\text{組合電阻}} = \frac{1}{R1} + \frac{1}{R2} + \frac{1}{R3} + \cdots$$

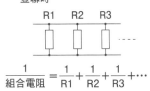

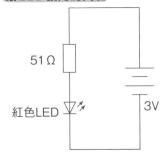

讓 LED 發光的實驗

51Ω

紅色LED

3V

圖2-4 LED 調光實驗

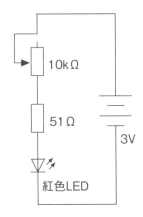

10kΩ

51Ω

3V

紅色LED

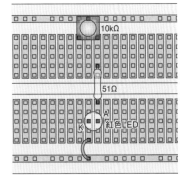

10kΩ

51Ω

A

紅色LED

K

電阻的組合

電阻器藉由串聯或並聯連接可獲得不同的電阻值，這稱為組合電阻。串聯的組合電阻是各電阻值的合計，不過並聯並非如此。實際上是藉由❷-❸的計算來求出組合電阻。

可變電阻器的LED調光實驗

LED不直接接上電源，必須加裝電阻器避免電流太大。我們來做個實驗確認這點。

在第1章，紅色2V20mA的LED要使用3V電源51Ω的電阻器。另外，第21頁製作的LED檢測器準備了幾個電阻值，要分別通過適合的電流。

那麼，你是否有察覺到，利用LED檢測器在不同電阻值的端子，分別接上LED亮度便會改變呢？當然，電阻值愈高就表示愈多電流被電阻器阻礙，所以電阻值愈高LED就愈暗。❷-❹調光實驗就是藉由串聯可變電阻器，使亮度能自由改變。這種接法可藉由轉動可變電阻器的旋轉式可動接點改變電阻，儘管會有誤差，不過變化範圍約是51Ω～10051Ω。換言之，2V的電壓施加於LED時，便會通過約20mA～0.1mA的電流。

實際實驗過後，雖然轉動可變電阻器的可動接點會改變亮度，不過即使轉到最大，LED也會微微發光。儘管因產品而有不同，不過只要有些微電力就會發光，也算是LED的特色吧！

複習分壓

在第20頁讓LED發光的實驗中，出現過分壓這個詞語。所謂分壓就是分配電壓的意思。

在**2-5**中100Ω的電阻器串聯連接，組合電阻便是200Ω。流經這個迴路的電流，依照歐姆定律（參照第17頁），3／200＝0.015，即15mA。1個電阻器所承受的電壓，也是依照歐姆定律來計算，則0.015×100＝1.5，即1.5V。換句話說，電源3V平均分壓為1.5V。

利用電晶體的LED調光實驗

利用可變電阻器的LED調光實驗中，在LED熄滅前不會變暗，所以這次我們要使用電晶體。

電晶體的作用是電流的放大（電流的增幅）和做為開關（參照第36頁）。這裡就要針對輸入，利用電晶體的性質進行調光實驗。

組裝**2-6**的迴路時，對電晶體基極的輸入電壓會改變。具體而言，按照10kΩ的可變電阻器的變化，1kΩ的兩端所承受的電壓會在0.27V～3V之間。

對電晶體基極端子的輸入約0.6V就會開始驅動。轉動可變電阻器的可動接點變成約4kΩ，由於1kΩ的電阻器承受0.6V的電壓，所以LED從這個數值便會開始發光。在實驗中可變電阻器轉到約一半LED就會熄滅，這時隨著轉動可變電阻器的可動接點，LED便會增強亮度。

圖2-5 利用電阻器分壓

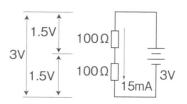

圖2-6

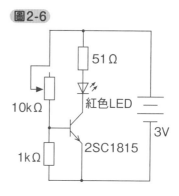

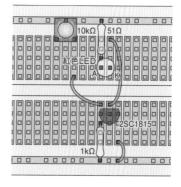

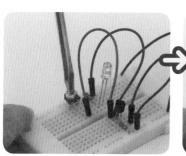

可變電阻器的可動接點是用一字螺絲起子轉動。接點轉到一半時LED就不會亮。

可動接點轉到超過一半，電阻值變成4kΩ後LED便開始發光。

繼續轉動可動接點，LED便逐漸增強亮度。

使用電晶體

雙極性

指N型半導體與P型半導體的三明治結構。相對地也有主要只以其中一種所構成的單極性電晶體。

電晶體的機制

雖然電晶體也有各種種類，不過在此只介紹**雙極性**的電晶體。

半導體有負電較多的N型半導體，和正電較多的P型半導體，而電晶體是把它們夾成三明治的結構。如同第19頁所介紹的，LED的設計是N型半導體和P型半導體接合的形式，至於電晶體則是夾成三明治的零件（**2-7**）。

2-8是NPN型電晶體的機制。當射極連接負極時，正電會流入基極，電子的流動會越過P型半導體，電會從正極（集極）流向負極（射極）。換言之，就是開關ON的形式。這正是**開關**功能。若改變對基極的輸入，則集極和射極之間的電流也會因而改變。這正是增幅作用。

PNP型電晶體的連接則正好相反。

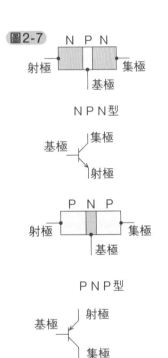

圖2-7

開關

這是指控制電流通道的開閉，就像開關的功能。即使平時開關OFF，若是達成條件，開關ON就會通電。

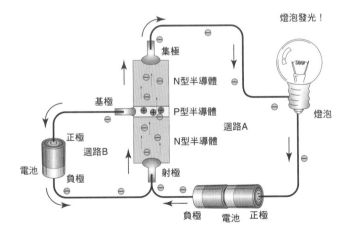

圖2-8

以電子的流動思考，電子在射極～基極之間流動會越過基極的P型半導體，且電子也會流向集極這一側。

電晶體的基本配線

電晶體有各種配線組合，不過最標準的連接方式是基極輸入、集極輸出的形式。換言之，會在集極接上LED或馬達等想驅動的裝置（負載）。

具體而言，NPN型電晶體的射極為負極，集極通過負載連接到正極。對基極的輸入為正電。而PNP型的射極為正極，集極通過負載連接到負極，對基極的輸入為負電（**2-9**）。

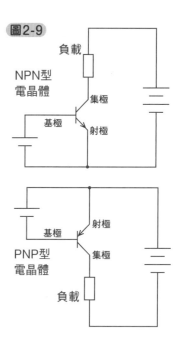

圖2-9

電晶體的性能

電晶體可以通過的電流是固定的，有其上限。另外，也有能將性能發揮到極限的適當電流。

關於這方面，數據表記有零件廠商所推薦的數值，也叫做產品說明單。在設計迴路時，要按照表單上的數值挑選零件。

絕對最大額定值：必須在這個範圍內使用

超出數值的電力負載或條件有可能損壞。

集極電流：能流經集極的最大電流

接上集極的負載，例如1個LED是20mA，5個並聯連接就是100mA。換句話說，電晶體必須能容許這個數值的集極電流。

基極電流：輸入基極的最大電流

輸入超過數值的電流有可能損壞。

增幅率（h_{FE}）：輸入基極的電流在集極～射極之間能增幅幾倍的能力

不同產品按照h_{FE}劃分級別。例如東芝製造的2SC1815的h_{FE}是70～140，歸類為O級、120～240是Y級、200～400是GR級、350～700是BL級。

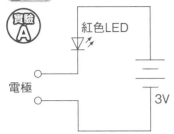

圖2-10

（實驗A）

紅色LED

電極

3V

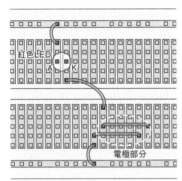

使用鍍錫線，製作用手指碰觸就會接
上迴路的電極。

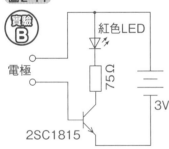

圖2-11

（實驗B）

紅色LED

電極

75Ω

3V

2SC1815

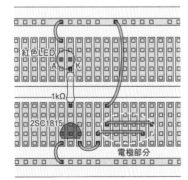

從平面看電晶體的3根針腳，
右邊的針腳是基極（B）、正
中間是集極（C）、左邊的針
腳是射極（E）。別弄錯連接
的方向。

用觸碰感測器做增幅實驗

利用電晶體的功能，用試驗板製作觸碰感測器
吧！這是活用人體通電的實驗。雖說是通電但電量
不多，敬請放心。

（實驗A）

用LED和手指觸碰電極，並且將電源以串聯連
接（**2-10**）。即使手指觸碰電極，LED也幾乎不
會發光。因為通過的電量太少了，很難用肉眼確
認。譬如要讓LED發光，就必須有某種程度的電
力，因此得利用電晶體。

（實驗B）

比方說，兩手捏住測試儀的端子來實際測量人
體的電阻值，雖然也得視皮膚表面的狀態，不過大
約是幾MΩ～幾百kΩ。這時照著**2-11**將LED與
電晶體組裝在試驗板上。在基極輸入的部分會從正
極流出一些電力，此時試著用手指觸碰這邊。用手
指觸碰後可以看到LED稍微發亮。

這裡使用的電晶體是2SC1815的Y級，增幅
率約120～240。為求方便，數值以200計算。假
設手指的電阻值為800kΩ，電源為3V時根據歐姆
定律，電流＝電壓／電阻，計算出來的結果是
0.00375mA，電流非常小。藉由電晶體的增幅率
變成200倍便是0.75mA，此結果則是流經集極的
電流。這樣並不足以點亮LED，因此發出的光線很
微弱。

實驗C

在這個實驗中再加上電晶體，繼續增幅。像**2-12**那樣連接，電晶體的增幅率就會變成相乘的數值。換句話說，如果增幅率為200，就會變成40000的增幅率。這稱為達靈頓連接（參照第64頁）。

在試驗板組裝這種連接方式，再用手指觸碰電極，LED就會發亮。0.75mA再變成200倍，便會通過150mA的集極電流。實際上也會接上電阻器，所以通過LED的電流會變成20mA，便足以發光。

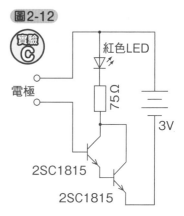

圖2-12

實驗C

紅色LED

電極

75Ω

3V

2SC1815

2SC1815

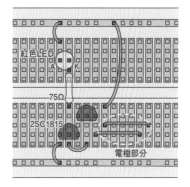

紅色LED
A　K
75Ω
2SC1815
電極部分

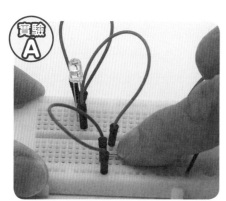

在實驗A不會發光。

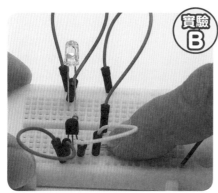

在實驗B發出的光線很微弱。

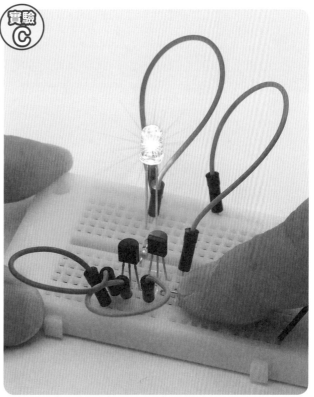

在實驗C發出的光線很亮。

使用電容器

電容器的圖示符號

電容器的機制

電會通過金屬內部,不過當然未連接金屬時就無法流通。若以電池來思考,從正極到負極如果有連接導線就會通電,沒有連接就不會通電。

另外,就像磁鐵的N極與S極彼此吸引,電的正極與負極也會互相吸引。更進一步地說,如果電線連接也會相互吸引通電。

那麼,在未連接的空間內創造正極與負極接近的狀態會是如何?

我們讓2片金屬板平行相對,但不要互相接觸,然後分別接上正極與負極的電流。於是,金屬板會分別聚集正**電荷**與負電荷,繼續隔著空間互相吸引。這時,即使斷電,金屬板中彼此吸引的電荷仍維持原狀,呈現無法移動的狀態。換言之,電荷會蓄積在此處。換個說法就是蓄電的狀態,也就是被充電的狀態(**2-13**)。

各自的導線在此接觸,原本隔著空間彼此吸引的正電荷與負電荷發現了更好走的通道,便會通過導線互相吸附。這叫做放電。

這就是電容器的原理與機制。

電荷

構成物質的基本粒子具有電氣性質,正電的性質稱為正電荷,負電的性質則叫做負電荷。分別指的是質子和電子。

圖2-13

金屬板接近後,各自的電極互相吸引,聚集更多電力

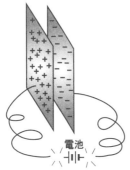

以這個狀態取下電池,金屬板仍帶有吸引彼此的電力,成為蓄積電荷的狀態(充電)

連接導線後,帶負電的電子移動到相互吸引的正極。這就是放電現象

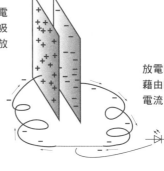

放電時若接上LED,藉由瞬間發光可確認電流

製作電容器

使用書本型資料夾和鋁箔，製作簡易的電容器。像 **2-14** 在資料夾的內袋（像口袋的部分）和每頁之間（插頁部分）交互插入鋁箔。因為乙烯基是絕緣體，所以不會通電。因此，整體的狀態就和平行放置的金屬板相同。

這個部分用鱷魚夾夾住當成電極。離板子較近的一邊是電的正極，因為容易吸引負極，所以要在資料夾上面放書本壓住。

另外，做了幾頁後上下之間的正極和負極彼此吸引，面積會變大，所以容易蓄積更多的電力。將各自的一部分用鱷魚夾夾住當成電極。把它接上乾電池，幾秒後將電池取下，然後接上LED試試。

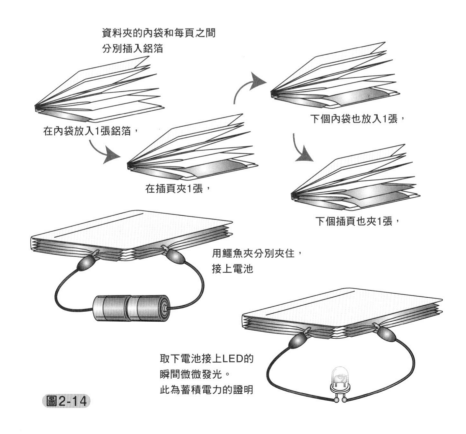

資料夾的內袋和每頁之間
分別插入鋁箔

在內袋放入1張鋁箔，

在插頁夾1張，

下個內袋也放入1張，

下個插頁也夾1張，

用鱷魚夾分別夾住，
接上電池

取下電池接上LED的
瞬間微微發光。
此為蓄積電力的證明

圖2-14

圖2-15

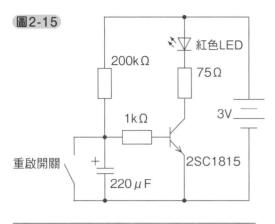

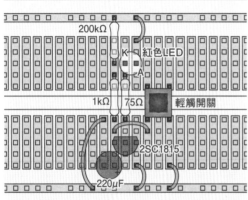

電解電容器針腳較長者為正極，較短者為負極；或是有白色記號的一邊為負極。連接時要注意方向。

電容式計時器實驗

　　電容器是可以蓄電的零件。也就是可以充電。雖然零件從沒電到充飽電得花上一段時間，不過能否將這段花費的時間當成計時器利用呢？

　　在**2-15**的迴路圖中，我們依序追尋電流的軌跡吧！

　　首先，從正極的電源流出的電，通過200kΩ的電阻器對220μF的電解電容器開始充電。這時電不會流向電晶體的基極，所以是開關OFF的狀態。因此LED逐漸熄滅。

　　電容器充飽電，電通過1kΩ的電阻器，流入電晶體的基極。然後將開關切換成ON，LED便會發光。實際測量時約7～8秒後會開始發亮，10秒後完全點亮。利用左邊的重啟開關，電容器的正極和負極會短路，放電結束後，便會回到最初的狀態。

電容器蓄電後，電會流入電晶體的基極，開關變成ON就會點亮LED（電晶體的開關依照充電狀態會慢慢發光，所以無法計算正確的時間）。

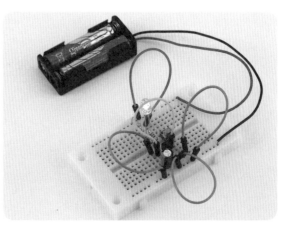

流入電容器的電較少時，充飽電的時間就會變長，所以將200kΩ的電阻器換成電阻值較高者，時間就會延長。相反地，換成電阻值較低者就會縮短時間。另外，電容器的容量愈大，充飽電就愈花時間。容量大則時間長，容量小則會縮短時間。

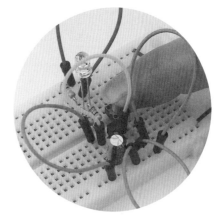

按下重啟開關電容器的正極和負極就會短路，電容器放電後，會回到沒有電的狀態。

電容器的電容值

電容器是可以蓄電的零件，而可以蓄積的電量叫做電容值。單位為「F（Farad，法拉）」。

雖然依產品而有不同，不過電容器表面標示了電容值。若是電解電容器，通常會直接標示，如「16V10μF」等，不過積層陶瓷電容器等較小的零件，則是以3位數的數字標示。

第一、第二數字標示容量值
第三數字是10的乘數
單位為pF（pico Farad，微微法拉）

單位的字首

在處理數字時，位數增加標示就會變得複雜，所以要劃分標示。做電子勞作時經常用到的字首，主要有mega、kilo、milli、micro、nano、pico。

T （tera）	$=10^{12}$ $=1,000,000,000,000$
G （giga）	$=10^{9}$ $=1,000,000,000$
M （mega）	$=10^{6}$ $=1,000,000$
k （kilo）	$=10^{3}$ $=1,000$
h （hecto）	$=10^{2}$ $=100$
da （deca）	$=10^{1}$ $=10$
d （deci）	$=10^{-1}$ $=0.1$
c （centi）	$=10^{-2}$ $=0.01$
m （milli）	$=10^{-3}$ $=0.001$
μ （micro）	$=10^{-6}$ $=0.000001$
n （nano）	$=10^{-9}$ $=0.000000001$
p （pico）	$=10^{-12}$ $=0.0000000000001$

使用線圈

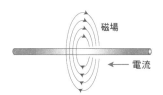

圖2-16 右手螺旋定則

磁場

電流

螺絲前進的方向

轉動螺絲

右手拇指是電流
其他4根指頭是磁力線

圖2-17 電磁鐵

只要將電線團團纏繞，
就能製作電磁鐵

圖2-18

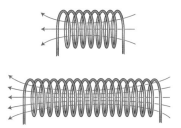

團團纏繞產生磁力

　　導線通電後周圍會產生磁場（參照第23頁）。就像電會從正極流向負極，磁場也有方向，會從N極流向S極。另外在導線周圍，相對於電流會產生右旋的磁場。將此現象比作螺絲的進行方向與旋轉方向，故稱為「**右手螺旋定則**」（**2-16**）。此外，因為可用右手如圖般表示，所以叫做「右手定則」，或者由於發現者的緣故，也叫做「安培定則」。

　　電線團團纏繞後，磁場就會變強，而線圈利用了這個性質。因為線圈產生磁場，所以同樣能當成磁鐵使用，這就是「**電磁鐵**」（**2-17**）。藉由捆起許多導線，產生的磁力就會更強。換言之，團團纏繞愈多圈，就能得到愈強的磁力（**2-18**）。

　　線圈的構造很簡單，不過應用範圍很廣，它被用在各種東西上，像是馬達等動力或電動揚聲器，由2個線圈構成的變壓器等。在迴路中與其他零件組合，像是在振盪迴路或調諧迴路之中，扮演著重要的角色。尤其線圈可說是電子勞作的基礎，在收音機製作也經常使用。

確認馬達動力的實驗

　　雖然線圈具有各種作用，不過讓我們來製作簡單的馬達，作為電磁鐵產生磁場的應用。

　　漆包線團團纏繞的線圈通電後會產生磁場，讓磁鐵接近它，就會產生吸附或排斥等動力。之所以只剝下一半的線圈軸導線絕緣皮，是因為在全部剝除並且通電的狀態下，線圈不會旋轉，只會朝向側面停住。藉由電流通過或停止，線圈的轉子就會因為**慣性**使馬達持續轉動。

> **慣性**
> 沒有其他外力影響時，維持運動的物質特性。若不考慮摩擦等因素，旋轉的物體不會在中途突然停止或加速，而是持續旋轉。

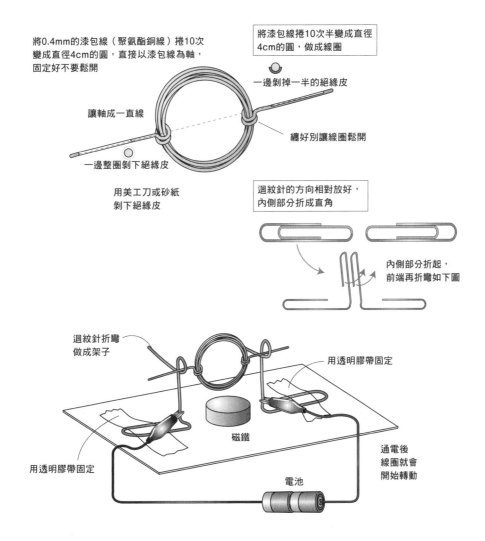

將0.4mm的漆包線（聚氨酯銅線）捲10次變成直徑4cm的圓，直接以漆包線為軸，固定好不要鬆開

將漆包線捲10次半變成直徑4cm的圓，做成線圈

一邊剝掉一半的絕緣皮

讓軸成一直線

纏好別讓線圈鬆開

一邊整圈剝下絕緣皮

用美工刀或砂紙剝下絕緣皮

迴紋針的方向相對放好，內側部分折成直角

內側部分折起，前端再折彎如下圖

迴紋針折彎做成架子

用透明膠帶固定

用透明膠帶固定

磁鐵

通電後線圈就會開始轉動

電池

使用感測器

感測器讓電子勞作變有趣

　　世上有各種感測器。從家電產品、電腦和手機等身邊的東西，乃至街上隨處可見的交通工具和各種店家、高樓大廈和車站等設施，都使用了各種感測器。

　　感測器是感知狀態，並轉變為電子訊號的裝置。例如光感測器是感知光的狀態，也就是亮度，溫度感測器則是能感知溫度的零件。如果把按鈕開關想成感知是否被按下的零件，那它也算是一種感測器。像**2-19**的感測器在電子勞作中經常使用。

圖2-19 各種感測器

光感測器	光電晶體、光二極體、CdS（cadmium sulfide，硫化鎘）、光電池板等，根據材料與機制而有數個種類。每種皆能將亮度的變化轉換為電子訊號。尤其是屋頂上的太陽能板，電子計算機或時鐘所使用的光電池板，能產生電力作為電源。
溫度感測器	如熱阻器或熱電偶等，藉由溫度造成的電阻值變化，能捕捉電子訊號的零件。
聲音感測器	麥克風能將聲音轉變為電子訊號。只要能感知聲音，也就是空氣振動即可，因此有各種設計。像電動揚聲器或壓電揚聲器等，也能當成麥克風使用。
水氣感測器	非純水的一般水能通電，所以在2個電極之間用水連接，便能看到電阻值的變化。另外，如果使用容易吸收空氣中水分的材料，也能測量溼度。
傾斜感測器	感知接地的感測器是否傾斜。鋼球放入盒子中，傾斜時就會接觸接點。此外還有和光感測器搭配，藉由鋼球遮住光來感知傾斜，或是利用水銀和接點接觸等，有各種不同的設計。
磁力感測器	利用磁鐵能吸引鐵的性質，有接觸接點的磁簧開關，或利用線圈的種類。使用金屬弦的電吉他的拾音器，也是一種磁力感測器。

光電晶體的亮度感知實驗

圖2-20

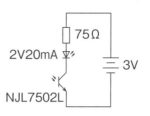

利用感測器做實驗。在此使用光感測器的光電晶體NJL7502L。這種零件能感知接近人類視覺的亮度，可以親眼確認對於明暗是否確實反應。明亮時就是通過許多電，黑暗時則沒有通電。

首先如**2-20**將電阻器、LED、光電晶體串聯連接。如果四周環境變得明亮，電流便會流經光電晶體，那這時LED也會發光嗎？

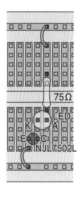

實際動手實驗後，雖然也得看使用的LED的輝度，不過確實會發光。然而，它的亮度非常微弱。另外，因為是環境變得明亮後才會發光，所以LED的光並不明顯。我們試著用手遮住光電晶體讓光線變暗，或是照射其他光線讓周遭更為明亮後，再比較LED光的亮度，雖然很細微，不過確實能看到變化。

光電晶體針腳長的一邊是集極（C）。要注意方向。

亮度之所以微弱，是因為相對於光電晶體亮度的輸出（增幅率）非常低。話雖如此，因為知道對光有所反應使得電流改變，所以另外接上點亮LED的電晶體，增幅光電晶體的反應，就能把LED點亮。

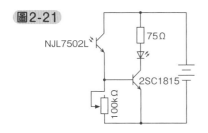

圖2-21

NJL7502L

75Ω

2SC1815

100kΩ

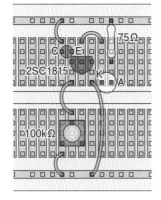

C　E
2SC1815
75Ω
K　A

100kΩ

加入感光度調整的功能

在 **2-21**，LED接上電晶體2SC1815的集極，從電源通過光電晶體，電力流向電晶體的基極。在黑暗狀態下電不會通過光電晶體，變亮後電流通過，電晶體變成開關ON，LED便會點亮。但是，因為不知道哪種亮度才會點亮，所以接上100kΩ的可變電阻器，就能調整流經電晶體基極的電，和通過可變電阻器的電。也就是調整感光度的裝置。實際上根據實驗場所的亮度，可能會發光，也可能不會，但是利用可變電阻器調整感光度，就能進行用手遮住光線就熄滅，感測到光線就發光的實驗。

改造成環境變暗就會發光

那麼，雖然這樣設置就能實驗光感測器的反應，不過一般來說暗處才需要照明，所以與其感測光線才發亮，變暗時發光會更方便。

這時改成 **2-22** 的形式。這次把光電晶體和可變電阻器的位置反過來。從正極流出的電，通過可變電阻器流向電晶體的基極，所以LED會發光。不過，變亮後光電晶體也會通電，這次和電晶體的基極接上負極的狀態相同，所以開關變成OFF，LED便會熄滅。調節可變電阻器後，就完成了用手遮住光線，一變暗LED就會發光，有光線時

圖2-22

100kΩ

75Ω

2SC1815

NJL7502L

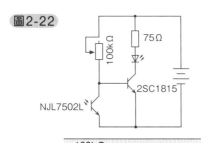

100kΩ

75Ω

K　A

E
C

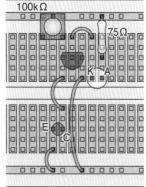

LED就會熄滅的機制。

　　然後還有一點，這次改變電晶體看看。上一頁是NPN型的電晶體，不過在 **2-23** 則改用PNP型。雖然2SA1015和2SC1815性能相同，不過NPN型與PNP型的差異會使動作在正極與負極時相反。這種電晶體叫做**互補**。LED與電阻器接上集極便是負極。在這個迴路中，光電晶體位於可變電阻器的負極，變暗時光電晶體不會通電，電晶體的基極正電變多，開關OFF時LED就會熄滅。有光線時光電晶體會通電，所以電晶體的基極負電變多，開關變成ON於是LED會發光。

　　在 **2-24**，則反而是變暗時LED會發光。和上一頁的迴路圖相比，電晶體由於NPN型或PNP型的差異，所以能得知兩者作用會相反。

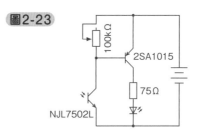

圖2-23

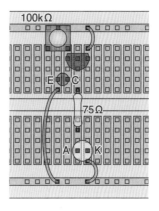

互補

構成材料、增幅率與容許電流等性質相同，正極與負極相反的用法稱為互補，連接時所用的電晶體則稱為互補電晶體。

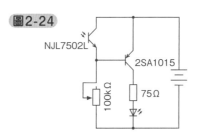

圖2-24

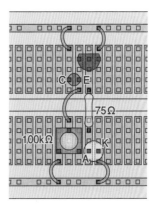

使用開關

開關迴路記號

撥動開關

按鈕開關

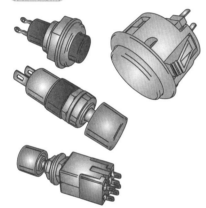

輕觸開關

滑動開關

DIP開關

微動開關

分別使用各種開關

　　開關用於開閉電流的通路（電路）。比起說開閉，開關ON或OFF的說法或許比較耳熟。我們每天都會將家庭或辦公室裡的照明開關切換至ON或OFF。經常使用、動作如蹺蹺板般的這些開關，稱為倒扳開關，或是手撥開關。

　　此外開關還有許多種類，像是將棒子上下或左右扳倒的**撥動開關**、用手指按按鈕的**按鈕開關**、**輕觸開關**、裝在電路板的小型**滑動開關**、**DIP開關**、使之旋轉的旋轉開關、小型的**微動開關**等。

　　然而，開關的作用是電路的開閉。在電子勞作中，主要用於讓電源ON-OFF的電源開關，或是切換迴路的開關。

　　它的構造非常簡單，具有金屬接點，藉由接觸與否切換ON-OFF。當然接觸時就是ON，未接觸時則是OFF。

按哪邊會發光？
開關實驗

　　我們來利用開關做個實驗。當然開關要連接電路，打開開關就會通電。**2-25**是將LED、電阻器與開關以串聯方式連接。打開開關後LED就會發光。這裡使用輕觸開關，按下就會發光，放開則會熄滅。

　　2-26是將開關以串聯方式連接。要同時按下開關，LED才會發光。另外，**2-27**是將開關以並聯方式連接。這種裝置只要其中一方，或是兩個開關都按下，LED就會發光。其實，這2個迴路是邏輯迴路的AND迴路、OR迴路的簡單模型。換言之，算是數位迴路設計的最小單位。

圖2-26

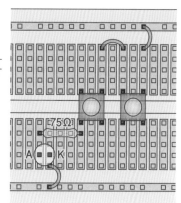

圖2-25

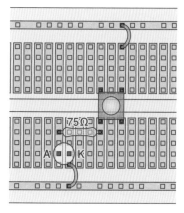

圖2-27

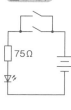

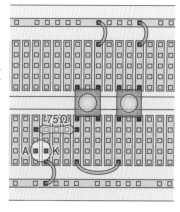

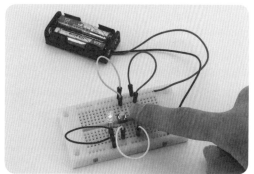

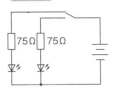

圖2-28

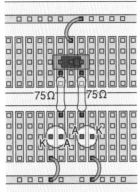

75Ω　75Ω

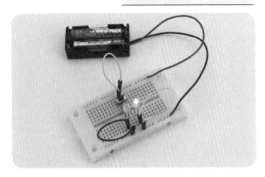

使用雙向開關的實驗

　　2-28使用了雙向開關。雙向開關使用了3根端子，從中央端子接到兩邊端子的其中之一。撥動開關、滑動開關、微動開關都經常使用。這個迴路圖中，中央端子連接上方的端子，所以左側的LED會發光，不過操作開關切換到下方的端子，左側的LED就會熄滅，右側則會發光。

　　2-29使用2個雙向開關。雖然在這個迴路下LED不會發光，不過操作其中一邊的開關，接上另一邊的端子LED就會發光。另外，在LED發光的狀態下，關掉其中一邊的開關，LED就會熄滅。換句話說，即使打開右邊的開關，只用左邊的開關也能點亮或熄滅LED，反之亦然。這種連接方法叫做三路開關，例如在樓梯上下段、長走廊的近端及遠端，即使2個開關相隔較遠，只靠一邊就能操作ON・OFF。

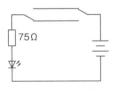

圖2-29

75Ω

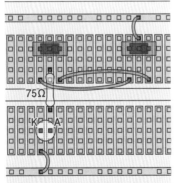

75Ω

各種零件

　　電子勞作中使用的零件，除了前面介紹的代表性零件之外，其實還有許多種類。看看電子零件商店與零件的購物網站，就會知道種類多到用不完。

　　以小型盒子裝載的具複雜功能的積體電路（IC），或可設計程式的微電腦都可以當成1種電子零件。還有電路板、接線片或插座等與連接或配線有關的零件（參照第24頁）。

　　另外，除了構成電子迴路的零件，依勞作的內容而異，所需零件也有所不同。假如製作機器人，就需要傳送馬達動力的齒輪箱等驅動零件；如果要打造穩壓電源，就需要保險絲或萬能插頭這種與電子工程相關的零件。

　　除此之外，有時也需要自己下工夫製作勞作所需的零件。例如，配合勞作的電路板製作外盒時，或許需要拿市售的外盒加工；若是與自己心中的形象不符，就只得自己製作，這個部分關係到獨創性，同時也是電子勞作的樂趣。

微電腦

匯集微電腦與IC功能的裝置，在作品中也是零件之一。

齒輪

轉動零件需要齒輪這種驅動零件。

電子零件的取得方式

電子勞作中使用的零件，超市或文具店並沒有販售。家居用品商城或模型店或許有些地方有販售，不過專賣店的種類和庫存還是比較豐富。有機會的話，請一定要去逛逛。在日本，東京秋葉原、大阪日本橋整條街都有專賣店，建議大家購買零件時實際親眼確認。

然而，其他地區很少有這種專賣店，取得零件或許得費些工夫。話雖如此，現在透過網路購物就能輕易買到。

利用網路商店須注意的是，有時型號類似卻並不相同，或者難以確認大小。如果有圖片，最好先確認一下。因此設計勞作或電路板時，先確認零件才是高明的做法。另外，有時電子零件型號相同包裝盒卻不一樣，這點必須注意。例如，明明打算使用萬用電路板，買到的卻是表面安裝※用的晶片零件，這就沒辦法使用了。要仔細確認圖片，如果有不清楚的地方，就直接打電話到商店確認吧！

作者連載電子勞作的日文雜誌《兒童的科學》，裡頭介紹的勞作中所使用的整套電子零件都有在網路上販售。本書介紹的勞作有些是相同的迴路，因此不妨也參閱一下。

※表面安裝
萬用電路板或一般印刷電路板，在樹脂板上有銅箔的連接盤，要從零件面將端子插入孔洞，在焊接面焊接到連接盤上。相對地，表面安裝的電路板表面，若是較複雜的，兩面都會有連接盤，這不是將端子插入孔洞，而是直接焊接。因此表面安裝用的零件端子較小，而且較短。

第3章

組裝迴路

在本章將檢視
組合電子零件後，
出現各種功能的
迴路種類與機制。
面對複雜的迴路圖，
也會解說理解的重點。

何謂電子迴路？

無數的零件組合

電流的通道叫做電路，依照電路組合零件就叫做電子迴路。電子勞作中的迴路具有各種功能，經過組合後，就會具有更複雜的功能。

例如將燈泡與乾電池以串聯方式連接，燈泡就會發光。雖是本書一開始介紹的簡單迴路，不過加裝開關後就能讓燈泡點亮、熄滅。

此外裝上2個開關，藉由開關ON-OFF的組合，也能控制點亮、熄滅。如果將2個開關串聯，則兩者都ON就會點亮；兩者或其中一方OFF則會熄滅。如果將開關並聯，則兩者都OFF就會熄滅；而只要有其中一方ON就會點亮（**3-1**）。

如此變得有點複雜。如果能用各種迴路或零件完成這種功能，就會有許多種組合。

組合迴路完成裝置

例如我們將「收音機」這項裝置依功能分解來進行思考吧！

收音機先用天線這個零件接收電波，然後藉由線圈與電容器的「調諧迴路」選擇電台，再藉由二極體的「檢波迴路」與「增幅迴路」挑出聲音的頻率，讓訊號增強。然後，利用耳機或喇叭等發聲零件將電子訊號轉變為聲音，就能收聽廣播節目（**3-2**）。

像這樣組合具有各種功能的電子零件構成迴路，製作發揮目的功能的裝置就是電子勞作。此外，如同電子零件具有各種功能，迴路也有各種功能。換句話說，活用零件的功能，就能做出更好用的迴路。

例如，電晶體的功能是電流的增幅與做為開關，即使將電波這種微小的訊號調諧、檢波，只用1個電晶體增幅，就僅能增強至用耳機可聽到的程度。當然這樣也能發揮收音機的功能，不過想從喇叭聆聽較大的聲音時，光靠

圖3-1

簡單的迴路

用開關控制
ON-OFF的迴路

兩邊的開關ON
燈泡就會發亮

任一個開關ON
燈泡就會發亮

圖3-2

這樣實在很困難。不僅如此,也需要驅動喇叭的迴路,還有防止雜音的迴路。

為了達成某個目的,就必須組合具有各種功能的迴路。在此將透過實驗一面確認電子勞作中經常出現的迴路,一面記住它們的功能。在本章結束時,大家應該就能看懂迴路圖了。

組裝振盪迴路

交流電流、脈衝電流
電壓反覆轉變為正電、負電者稱為交流電流；如脈搏跳動具有電流的波動（電壓變化）者則叫做脈衝電流。

時鐘訊號
數位機器的信號變化是配合電流的波動來計算。而時鐘訊號能計算時間。

弛緩振盪迴路
瞬間電流通過，製造暫時停止的脈衝電流的簡單振盪迴路。

用於點亮熄滅LED或調整音程

　　振盪迴路是製造電流的波動（振動）的迴路。雖然也稱為「**交流電流**」或「**脈衝電流**」，不過端看以何者為基準值而有所改變。

　　最簡單的用途是使LED閃閃發亮或熄滅，或者將電流的波動從喇叭變成聲音擷取出來。也經常作為使用IC時的**時鐘訊號**。

弛緩振盪迴路的功能

　　讓我們來看看振盪迴路的其中之一，藉由NPN型與PNP型電晶體組成的**弛緩振盪迴路**的機制（**3-3**）。通過電阻器R1在電容器C1充電。C1充飽電後電力流向電晶體Tr2的基極，Tr1的開關ON，LED就會發光。

　　這時C1會同時放電，回到最初的狀態，反覆充電與放電便會振盪。藉此，LED因為電容器的充放電間隔，會反覆點亮熄滅。LED有時無法藉由電阻器R2來確認發光。這時拆掉電阻器就會發揮功能。

　　弛緩振盪迴路可用日本庭園中的「鹿威」來比喻（**3-4**）。水相當於電流，竹筒則相當於電容器，在竹筒裡注水，水滿後就會溢出來。按照電容器的容量或限制電流流入電容器的電阻器的值，振盪間隔將會改變。

圖3-3

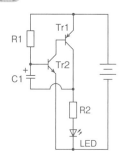

圖3-4

❶ 水在竹筒中開始蓄積。

❷ 水蓄滿後，竹筒傾斜，水溢出來。

❸ 水流完後恢復原狀。
（回到❶）

弛緩振盪迴路的實驗

用NPN型與PNP型電晶體組成弛緩振盪迴路。

圖3-5

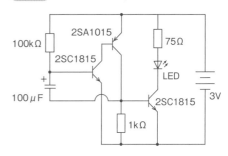

通過**3-5**左側的100kΩ電阻器,在100μF的電容器就會蓄積電力,也就是充電。電容器充飽電後電會流向電晶體2SC1815的基極,開關變成ON狀態,電晶體2SA1015也變成開關ON的狀態。

於是電會流向集極,所以電也會流向電容器的負極,電容器會變成放電狀態。這時電也會同時流向右側的電晶體2SC1815的基極,這時開關設為ON的狀態,LED就會發光。換言之,電容器蓄滿電後會放電,然後又會開始蓄電,並且振盪。

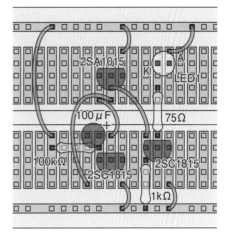

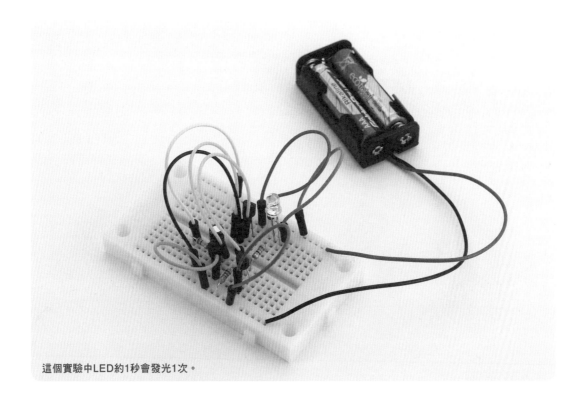

這個實驗中LED約1秒會發光1次。

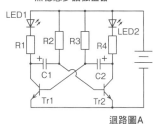

圖3-6

NPN型電晶體組成的
無穩態多諧振盪器

迴路圖A

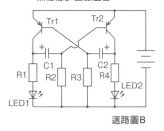

PNP型電晶體組成的
無穩態多諧振盪器

迴路圖B

無穩態多諧振盪器的功能

　　振盪迴路之一，無穩態多諧振盪器也是常用的迴路。接到電晶體基極的線如同將衣服袖口綁起般，迴路圖成左右對稱型（**3-6**）。

　　以**3-6**的迴路圖A思考，電容器C1充電時C1的正極蓄積正電、負極則會蓄積負電，所以正電通過R2開始蓄積在負極。正電蓄滿後電會流向Tr2的基極，並打開Tr2，LED2就會發光。而C2的正極和前述連接負極時的情況相同，會蓄積負電。如此C2的負極透過R3蓄積正電，蓄滿後流向Tr1的基極。於是再流向Tr1的基極……如此輪流使電容器反覆充放電，藉由電晶體的開關作用，LED就會輪流閃爍。

　　3-7就是利用試驗板針對這個機制所做的實驗。

圖3-7

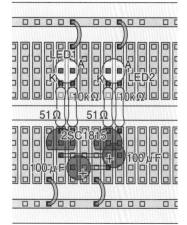

每隔1秒就反覆輪流閃爍。

如何變更LED的明滅時間？

2個電容器充電、放電的時間差距，由電容器容量和電流的電阻值決定。固定電容器，變成可變電阻器，在 **3-6** 的迴路圖中R2與R3便有作用。藉由改變這2個電阻值，就能變更LED的明滅時間。

脈寬調變（PWM）

光以超過一定程度的高速明滅時，人的肉眼會無法辨識。若是同一週期，按照其中發光與熄滅時間的比率，就能理解亮度的變化。這稱為「脈寬調變（PWM）」。根據PWM，利用無穩態多諧振盪器的迴路調整明滅時間，就能調整LED的亮度。這個原理在電子勞作中經常用到，在此先記住吧！

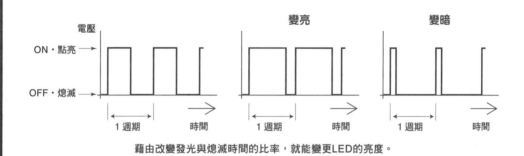

藉由改變發光與熄滅時間的比率，就能變更LED的亮度。

還有別種振盪迴路

振盪迴路有許多種類。無穩態多諧振盪器的同類還有**單穩態**和**雙穩態**。此外，組合線圈和電容器的**LC振盪迴路**、電阻與電容器構成的CR振盪迴路、使用水晶振子與陶瓷振子的**振子振盪迴路**、邏輯IC的NOT迴路組成的**反相器振盪**、利用專用計時器IC的振盪等，實在是五花八門。

那麼，在此來介紹非常簡單的振盪迴路（**3-8**）。它只用電磁鐵（線圈）和電池所組成。電磁鐵鐵芯用漆包線纏繞，打開電源就會變成磁鐵。此外製作鐵片的接點，把它當成開關。電流通過後，電磁鐵就會吸引鐵片，所以電會轉成OFF。於是鐵片回到原位，再次通電後，又會被

單穩態

這個迴路本身不會自動振盪，藉由外部的脈衝只有一定時間能維持ON或OFF的狀態。算是只有脈衝的1個週期的振盪。

雙穩態

變成2個輸出的切換迴路。2者其中之一設為ON，雖能維持狀態，可是控制得藉由外部的開關。

LC振盪迴路

線圈（L）和電容器（C）組合而成的振盪迴路。電容器所蓄積的電力通過線圈時，線圈會形成電阻讓電流往反方向，如此反覆造成振盪。

CR振盪迴路

電容器（C）和電阻（R）組成的振盪迴路。使用電阻器代替LC振盪迴路的線圈。

振子振盪迴路

水晶振子與陶瓷振子承受電壓後會得到特有的電力振盪。特色是振盪頻率的準確度極高。

反相器振盪

NOT迴路輸入1時會輸出0，輸入0則輸出1。組裝如此反覆的迴路則輸出將重複為1、0、1、0。這可用來作為振盪迴路。

電磁鐵吸引。如此反覆這個動作。

光是這樣利用蜂鳴器的原理就會發出聲音，斷續地通電也會變成振盪迴路。但是因為作為振盪訊號太過粗暴，所以用途有限。

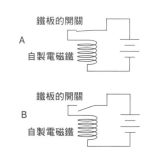

圖3-8

利用電磁鐵製作3連蜂鳴器的範例

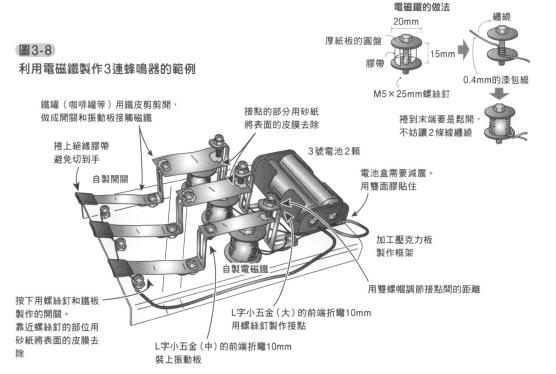

組裝增幅迴路

用電晶體增幅

增幅迴路是讓小訊號變大的迴路，為此要使用電晶體。電晶體的作用是電流的增幅與做為開關，所以目的本身就是它的作用。

相對於電晶體的輸入訊號，輸出訊號的增幅率以h_{FE}（參照第37頁）來表示。依照產品不同，數值也都不太一定，即使同一項產品也會因為增幅率而分成不同級別。例如，看到2SC1815的數據表，幅度在最小70～最大700之間。依照使用條件會有相當大的變化，產品之中也是在保證增幅率的範圍內分成數種。這就是級別（**3-9**）。

既然想增幅訊號，當然h_{FE}愈高愈好。但是h_{FE}愈高，產品價格就愈貴。

h_{FE}為200時，輸入訊號會變成200倍再輸出（**3-10**）。例如，0.1mA的輸入訊號會變成20mA。藉此，只能讀取微小訊號變化的感測器訊號、或是像電波這種非常細微的訊號，也能變大後轉換成聲音或光來表現。

圖3-9

2SC1815

h_{FE}	級別
70～140	O
120～240	Y
200～400	GR
350～700	BL

圖3-10

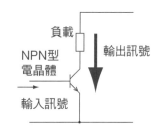

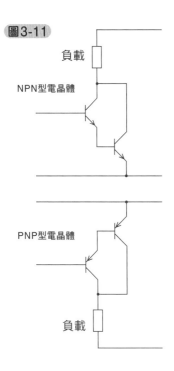

圖3-11

負載

NPN型電晶體

PNP型電晶體

負載

小訊號藉由達靈頓連接增幅

如同前述,電晶體的增幅率也得看產品,若是hFE100就能讓輸入訊號變成100倍。然而輸入訊號太小時,靠這樣還是不夠。因此,將電晶體如同**3-11**那樣2段組合,100×100便是10000倍的增幅率。電晶體的這種2段組合的迴路稱為「達靈頓連接」。

例如,在負載部分將20mA的LED與電阻器連接,如果想讓LED發亮,輸入訊號若有0.002mA的變化就有可能。這可用於變化較少的感測器。

除了電晶體,同樣可進行增幅或做為開關的零件,還有場效電晶體(FET)(**3-12**)和運算放大器(**3-13**)。雖然增幅率與消耗電力等特性依照產品而有不同,但在增強輸入再輸出的意思上,和電晶體並沒有兩樣。

用IC進行音頻放大器實驗

為了確認增幅,利用聲音比較容易理解。我們要做的實驗是,將從立體聲微型插孔發出的微小聲音訊號,增幅成較大的聲音並且用喇叭聽到(**3-14**)。

在這個迴路中,要使用LM386這種音頻專用IC,將從耳機插孔發出的聲音訊號變成喇叭的聲音輸出。藉由可變電阻器改變輸入的功率,就能調整喇叭的聲音。

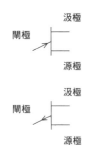

圖3-12
場效電晶體圖示符號

汲極

閘極

源極

汲極

閘極

源極

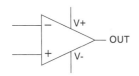

圖3-13
運算放大器記號

V+

OUT

V-

圖3-14 增幅迴路實驗

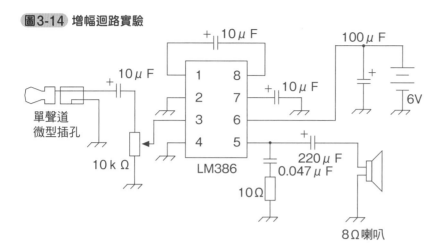

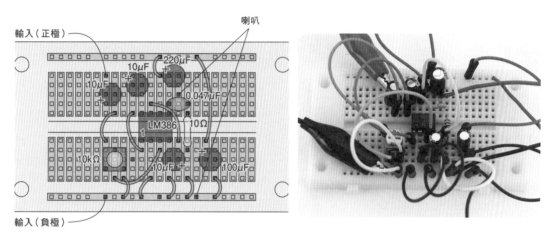

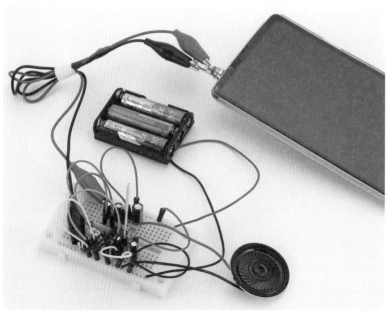

立體聲微型插孔接上智慧型手
機之後，就會從喇叭輸出智慧
型手機的聲音，於是便完成簡
單的放大器（讓聲音增幅的裝
置）。

組裝計時迴路

用電容器計算時間

計算時間的計時迴路，在數位時鐘一定會用到。一般時鐘使用的是水晶或石英等振子的振盪迴路。它的特性是能維持非常正確的頻率。作為計時器的作用是，經過一定時間便打開開關，以一定間隔輸出訊號。

若要組裝簡單的計時迴路，可以使用電容器。電容器可以比喻成水桶，就像水會從水桶溢出來，電蓄滿後就會漏出。如果想調整水桶蓄滿的時間，只要讓水桶變大（提高電容器的容量）或減少水流量（降低電阻值通過更多電）便能達成（**3-15**）。藉由調整電容器充飽電的時間，在電容器漏電時打開開關或輸出訊號，就能當成計時器使用。

應用這個機制的裝置，就是第96頁所介紹的「電容式計時器」（**3-16**）。具有相同容量的3個電容器，由不同的電阻值通電，就成了會在3種時間發光的簡單計時器。

另外，計時器IC在組裝計時迴路時很方便（**3-17**）。經常被使用的是「計時器IC555」這種8個接腳的IC。

圖3-15

讓水桶變大

嘩─

減少水流量

涓涓

圖3-17

計時器IC555

8 ← 5

1 → 4

圖3-16

改變電阻值，就會使電容器

充飽電的時間產生差異

電容器的容量相同

電容式計時器的完成圖。一開始是左邊的綠色LED點亮，由於時間差正中間、右邊的紅色LED依序點亮。此外，這也是從小型喇叭讓蜂鳴器響起的作品。第96頁起將會介紹做法。

組裝調諧迴路

圖3-18

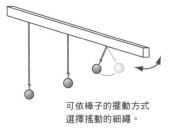

可依棒子的擺動方式
選擇搖動的細繩。

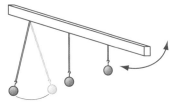

調諧迴路的原理

調諧迴路是從電子訊號中挑出所需頻率訊號的一種迴路。例如電路是否有電流流經、電流的大小，若只是如此，直接將其增幅就會變成可使用的電子訊號。但是，當有不同頻率的電流藉由訊號傳導時，屏除干擾，只挑出所需的頻率，並獲得訊號的機制，就是調諧迴路。

在物理實驗中經常見到像**3-18**的裝置。加了秤錘、長度不同的細繩繫在1根棒子上。試著擺動各個秤錘，比起繩子長的秤錘往返的時間，繩子短的秤錘往返的時間比較短。

然後，試著慢慢地擺動棒子。結果可以得知，繩子長的秤錘可以大幅擺動，而且它的擺動方式，和繩子短的秤錘大幅擺動的擺動方式並不同。

這個實驗是要確認，不同物體共振的擺動振幅，也就是頻率並不一樣。所謂共振，是指給予某個振動的物體相同的振動，使得振動變大的現象。同樣地，電的共振就叫做調諧。

把每條細繩比喻成廣播電台。如同改變棒子的擺動方式，就只會讓特定長度的繩子大幅擺動，只能選擇特定廣播電台的機制就是調諧迴路的印象。

利用電容器和線圈調諧

圖3-19

3-19是線圈（L）與電容器（C）連接的簡單迴路（LC迴路）。如果電容器充電，雖然連接時會開始放電，不過線圈通電時會產生磁場。要是電容器放電，因為線圈產生磁場的影響，接下來電會開始流向相反方向，而電容器又會充電（**3-20**）。

這持續反覆便形成振盪迴路。然而，實際上會消耗能量，而振盪也會在瞬間結束。

換言之，如果沒有外來的能量供給，就只會瞬間振盪；假如有相同頻率的外來能量供給，就會持續振盪。這就是調諧（**3-21**）。

圖3-20

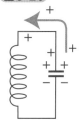

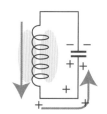

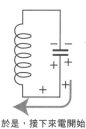

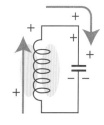

藉由電容器放電，電流向線圈

線圈產生磁力，電持續流動，在電容器的反極充電

於是，接下來電開始逆流

電持續逆流，電容器恢復原本的充電狀態，並持續重覆此一流程

圖3-21

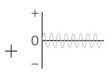

什麼也不做，便只會瞬間振盪

相同頻率的輸入訊號

調諧，持續振盪

利用LC迴路確認調諧

那麼，我們來做個實驗確認LC迴路的調諧（**3-22**）。

讓LC迴路變成逆向連接2個LED的迴路。用廁紙卷芯和15.5m漆包線自製線圈（**3-23**）。使用剪下的試驗板跳線和鍍錫線，做成簡單的啟動開關。那麼，打開這個開關會變得如何？

首先，2個電晶體變成開關ON的狀態，電容器便會充電。這時，電會從正極流向負極，所以迴路圖的LED2會發光。然後瞬間充飽電，LED2會立刻熄滅，之後只會有直流電流入線圈。

那麼，這時候關掉開關會如何？電晶體是開關OFF的狀態，在放開開關的瞬間，可觀察到兩邊的LED只會在瞬間發光（**3-24**）。這就是第69頁說明的LC迴路振盪，電流往返的證據。

圖3-22
調諧迴路實驗

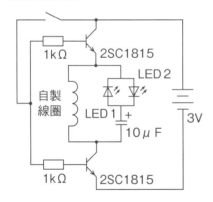

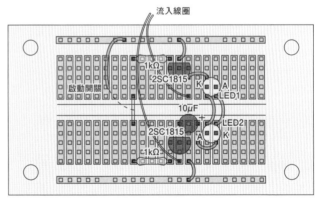

啟動開關只是用乙烯樹脂電線接觸的簡易型，線的一端插入電源的正極，另一邊接觸左側的跳線，藉此進行實驗。

圖3-23 自製線圈

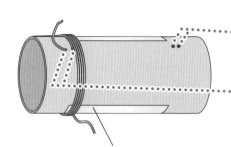

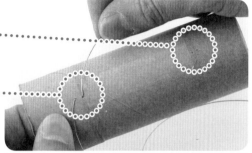

使用雙面膠,不讓漆包線鬆開
也是技巧之一

❶ 漆包線纏繞起點處要打洞將線穿過。纏繞結束的地
方也要打洞,最後將線穿過。

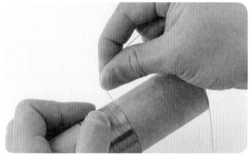

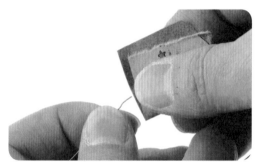

❷ 漆包線要仔細、綿密地纏繞。

❸ 最後用砂紙剝除漆包線前端的絕緣皮,並插入試驗
板通電。

圖3-24

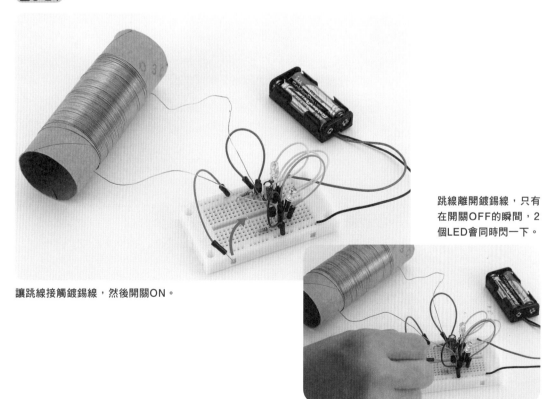

跳線離開鍍錫線,只有
在開關OFF的瞬間,2
個LED會同時閃一下。

讓跳線接觸鍍錫線,然後開關ON。

各種迴路

專用LED驅動IC
讓LED閃爍、點亮的IC。雖然也得看產品，但能以較少的零件數量組裝迴路，可以做出豐富的閃爍模式。

直流馬達
DC就是直流（Direct Current）。藉由乾電池活動的模型經常使用這種馬達。

馬達驅動IC
驅動馬達會用到開關，專用IC可藉由電子訊號控制旋轉方向與旋轉程度，利用這個會很方便。

步進馬達
和直流馬達不同，可精細控制的馬達。雖然也能控制旋轉次數與旋轉角度，可是需要驅動迴路。

何謂驅動迴路（驅動器）？

　　所謂驅動迴路，是一種啟動零件的迴路，使零件能向外輸出聲音、光和動作等，也叫做「驅動器」。

　　例如要讓LED發光，即使不用特殊迴路，只要通過適當的電流就能驅動，而將電阻器以串聯方式連接，就是一種驅動迴路。另外，接上電晶體的集極，藉由向基極輸入做為開關，LED就會發光的這種情況，表示電晶體也包含在驅動迴路之中。此外，如果使用**專用LED驅動IC**，便內建有限制電流的功能，可以不用連接電阻，也能讓多個LED輪流明滅，或是按照輸入改變發光方式。

　　使用**直流馬達**時，因為驅動馬達需要數百mA的電流，所以集極電流必須藉由數值更高的電晶體來控制，這也算是驅動迴路。除此之外，還有專用的零件和迴路。直流馬達裡面有**馬達驅動IC**，藉由輸入訊號可以控制正旋、逆旋或靜止等動作。另外，若是**步進馬達**等複雜的裝置，有時候需要專用的迴路或驅動器。

　　想啟動的裝置需要驅動器嗎？或者利用一般的電晶體也能驅動？或是需要藉由驅動器的特殊驅動方式……？必須從各種觀點思考零件與迴路。

從「想做什麼」開始思考

　　前面看過了許多種迴路。藉由零件的組合製作迴路，迴路組合完成後再組裝更複雜的迴路，然後實現所需的功能。藉由輸入決定輸出、控制某些動作、發出訊號、接收訊號並且轉換、連接其他機器……諸如此類，利用迴路實現的機制數不勝數。各種迴路即使沒有命名，只要具有某種功能，它就會變成名稱。

　　我們需要的是，思考並且分析「想做什麼？」、「這是用來做什麼的裝置？」、「為了目的需要哪些功能？」。為此，還需要閱讀更專業的書籍，在商店瀏覽零件或工具箱產品，或是分解既有裝置也不錯。

看懂迴路圖的方法

迴路上組裝的電子零件以記號標示,電流的連接用線連起來就成了迴路圖。這就是電子勞作的設計圖。

基本上,觀察哪個零件的哪個端子連接哪裡,就會知道電流。另外,按圖配線就能做勞作。其實就算不擅長焊接,如果能按照迴路圖配線,只要不接觸到多餘的地方,作品會順利啟動。

不過,如果中途不動了,發生問題的原因通常是脫焊導致沒有通電,或是接觸到多餘的地方造成短路等,假如勞作做得不夠仔細,就沒有辦法按照迴路圖連接完成。

迴路圖的觀看方式是,只要確認各個零件如何連接,就會明白大略的勞作結構。話雖如此,實際上迴路圖也呈現了設計者的意圖,所以未必能夠連細節都完全理解,尤其零件愈多就愈複雜。此外,利用數位迴路的情況下,若與數位零件內部的構造或軟體有關時,就沒辦法馬上弄懂。不過只要明白幾個重點,就能大致看懂迴路。

看懂迴路圖的重點

①一開始確認最終輸出
若是聲音相關裝置就確認喇叭,與光線有關就確認LED等發光零件,與動作有關則檢視馬達等驅動零件這些最終輸出部分。

②輸入的迴路
對喇叭的輸入是否為振盪迴路?是不是來自外部機器的聲音訊號?如果與光線或動作有關,那麼前面應該會有驅動迴路。必須先檢視是如何輸入的。

③電源的穩壓迴路
電源附近應該會有電源迴路或穩壓的迴路。為確保安全,有些部分具有緊急停止的功能、驅動時的嵌入控制功能、消除雜音、狀況顯示、監控等裝置所需的各種作用。這些沒辦法立刻就完全理解,在檢視學習各種迴路的過程中,會慢慢地理出頭緒。

例如，這張圖表示了收音機的功能。

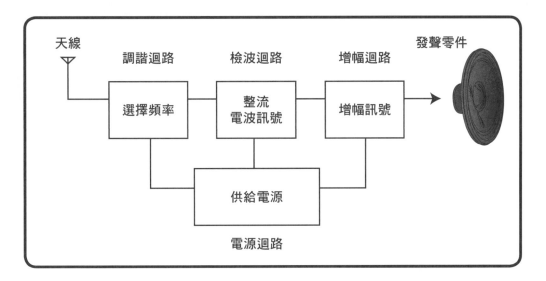

下圖為2石直放式（直接檢波式）電晶體收音機的迴路圖。所謂2石是指用於檢波和增幅的電晶體數量。

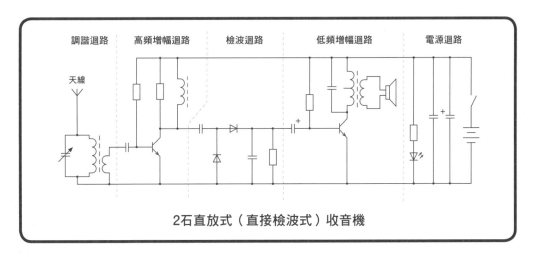

2石直放式（直接檢波式）收音機

與上方的功能圖不同，在檢波迴路前面有高頻增幅迴路。考量到1個二極體也能檢波，即使不清楚前面的電晶體的細節，也能想像得到「一定有某種訊號在檢波前被增幅」。

漸漸看得懂迴路圖之後？

這個繩帶形狀是
無穩態多諧
振盪器！

　　即使想嘗試電子勞作，有些人一看到迴路圖就頭大。不過，看了本書或其他書籍，或者在網路上看過許多實際的勞作與迴路圖，就會漸漸能看清模式，光是看到迴路圖就能猜得到是哪種裝置。

　　例如，雖然振盪迴路有幾種模式，不過無穩態多諧振盪器的電晶體像是將衣服袖口綁起，十分具有象徵性；弛緩振盪迴路中則是NPN型與PNP型電晶體並排。記住這種迴路模式後，就能想像得到是哪種功能的迴路。

　　馬達或需要較大電流的部分，有些迴路能驅動組合專用驅動器與電晶體的輸出機器；如果電容器並排，大概就是使電流穩定的迴路；也有從感測器輸出的地方增幅訊號的迴路，可以料想得到各種情況。當然，根據輸出的是LED的光，還是喇叭發出的聲音，也會知道裝置本身的目的與機制。

　　另外，實際看過各種零件，或者在製作過程中慢慢查資料，不光只是迴路圖，即使只是看實際的電路板，也會知道電源附近要是有二極體或電容器，就可能是電源穩壓迴路；如果LED附近有IC之類的零件，大概就是LED驅動器，像這樣可以看出裝置的機制。

　　能夠在腦中進行如此的想像後，就表示你對於機器的理解更加深入，也就能做出自己獨創的裝置。

第4章

製作裝置

前面進行的實驗是
利用試作用試驗板
確認零件與迴路的作用，
接下來終於要藉由焊接
製作實際上具有功能的裝置！
本章將會介紹10種
有趣的電子勞作作品。

電子勞作能做的事

製作「還沒出現的東西」的樂趣

　　重新思考電子勞作能做的事，其實數量多到令人煩惱，不知該如何說起。當然一提到自己是否能實際動手做，可就未必做得出來了。你能取得材料、零件和素材嗎？你具備製作的技術嗎？你有時間和預算嗎？提到這些條件，就會知道製作東西絕非簡單、輕鬆的事。反過來說，開發新產品需要耗費龐大的時間與預算進行研究，也必須學會與其程度相符的高度技術。

　　然而，至少目前世上充斥的電氣產品、數位機器或系統設備等，既然全都是人製作出來的，自己一定也做得出來。換句話說，只要努力任何人都能製作，此外也有可能做出「還沒出現的東西」。並且，如果要再補充一點，科學技術的基礎，就是探求未知的事物，這與想要自己製作電子勞作的精神相通。

把電子勞作當成嗜好享受時，在興趣的發展上，也許對於未來科學技術的發展會有所貢獻。在此，我將會以輕鬆地享受嗜好為前提，介紹利用簡單迴路製作的有趣裝置，讓大家感受電子勞作的妙趣。

技術的進步與電子勞作

日本在1925年開始無線電廣播後，為了接收無線電廣播，電子勞作大為流行，利用礦石收音機收聽廣播變成大眾普遍的嗜好（**4-1**）。之後，代替**真空管**的電晶體等半導體普及，電子零件的種類也增加，現在數位產品也很常見，實際上也能夠做得出各種勞作。

隨著**LED的多色化與高輝度化**，燈飾與照明裝置的活用範圍變廣，隨著各種感測器的開發也能做各種應用。另外，由於半導體技術的提升，驅動IC的多品項開發使得勞作的表現幅度與多樣化突飛猛進。加上近年來在微電腦、IoT等全新技術進步的背景下，電子勞作能做的事可說趨近於無限。

今後各位將踏入蘊藏無限可能性的電子勞作的世界。雖然從哪邊開始都可以，不過新手請先閱讀詳細的步驟說明，再嘗試製作下一頁的「感應燈」。

圖4-1

《兒童的科學》1928年8月號刊登了收音機勞作的報導。

SeDmi/Shutterstock

真空管

在真空的玻璃管中讓電子流動來增幅、控制電子訊號的零件。被用於電晶體開發前的電子控制。

LED的多色化與高輝度化

發光零件LED開發出藍色及提高輝度，使得照明裝置與光線呈現的用途和應用幅度增加。湊齊光的三原色就能全彩顯示等重現豐富的色彩，並且活用於簡單明瞭的顯示和有趣的視覺演出。

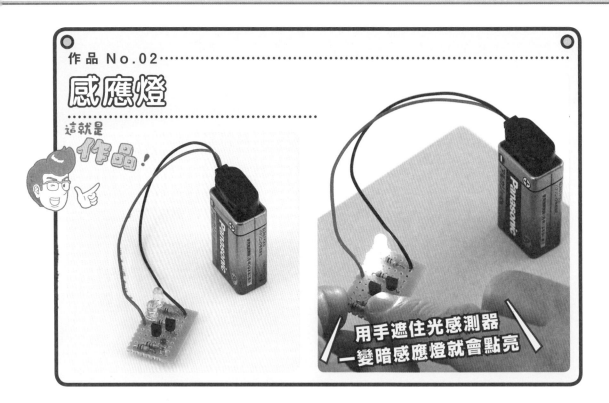

作品 No.02

感應燈

這就是 作品!

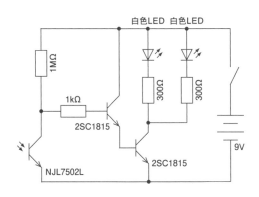

用手遮住光感測器
變暗感應燈就會點亮

　　周遭變暗就會點燈的自動照明裝置。光感測器是感知亮度的感測器。在此使用的光電晶體是和電晶體同樣的機制，卻是對基極輸入光而不是電，也就是靠亮度增幅或做為開關。如果變亮，開關就會ON，並且通電，不過變暗時，開關會OFF，這時不會通電。

　　這個感應燈的零件數量很少，是新手也容易完成的裝置。首先嘗試製作這種便利的裝置，熟悉基本的步驟吧！

　　No.03以後的裝置基本步驟也一樣。

迴路圖

光電晶體NJL7502L在和人的視覺感受的光相近的亮度下會有反應，是非常方便的電子零件。變亮時會在集極～射極之間輸出增幅訊號，或者變成導通狀態；變暗時則是遮斷狀態。迴路圖中，明亮時通過1MΩ電阻器的電會直接通過光電晶體；黑暗時不通過光電晶體，而是通過1kΩ的電阻器，輸入2SC1815的基極。這裡的電晶體設為2段可提升增幅率，點亮LED。

白色LED　白色LED

1MΩ

1kΩ

300Ω　300Ω

2SC1815

2SC1815

9V

NJL7502L

裝配圖

在萬用電路板裝配零件的完成圖。

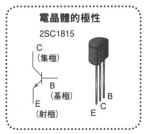

電晶體的極性

2SC1815

C
(集極)

B
(基極)

E
(射極)

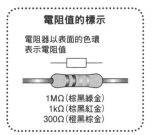

電阻值的標示

電阻器以表面的色環
表示電阻值

1MΩ（棕黑綠金）
1kΩ（棕黑紅金）
300Ω（橙黑棕金）

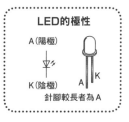

LED的極性

A（陽極）

K（陰極）

A   K

針腳較長者為A

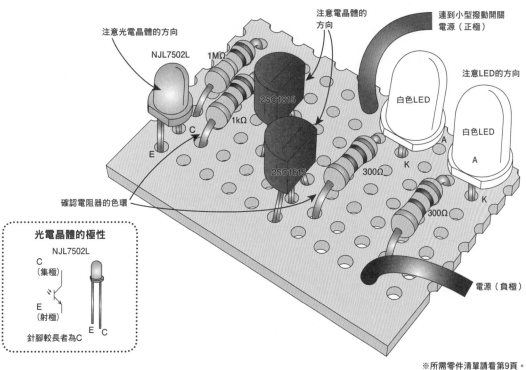

注意光電晶體的方向

NJL7502L

1MΩ

注意電晶體的
方向

連到小型撥動開關
電源（正極）

2SC1815

1kΩ

白色LED

注意LED的方向

C

E

2SC1815

300Ω

K

白色LED

A

確認電阻器的色環

300Ω

K

電源（負極）

光電晶體的極性

NJL7502L

C
(集極)

E
(射極)

針腳較長者為C

E   C

※所需零件清單請看第9頁。

做法

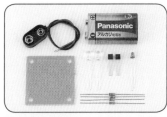

❶ 備齊所需零件。零件表請看第9
　頁，零件的取得方法請參考第54
　頁。

❷ 若想做成小型且能收進盒子的話，就把萬用電路板切開。在此將市售
　的15×15洞的電路板切成11×7洞。首先在電路板中央用美工刀劃
　3～4次，背面也同樣劃刀。然後，用手施力掰成兩半。這樣便成了
　15×7洞，在15洞兩邊第2洞的位置以相同要領切開，便完成了11×7
　洞的電路板。

❸看著右邊的電路板配線圖，從零件面插入電子零件。從電阻器這種較不突出的零件依序安裝比較便於作業，不過在還不熟悉時，不妨從了解的地方一一仔細安裝。電阻器和在組裝試驗板時相同，要把針腳折彎插入。首先，插入邊緣的1MΩ電阻器。

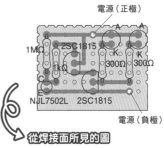

（電路板配線圖）

從零件面所見的圖

電源（正極）

A　A

1MΩ 2SC1815

K　K

300Ω 300Ω

NJL7502L　2SC1815

電源（負極）

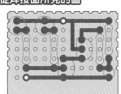

從焊接面所見的圖

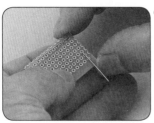

❹在焊接面將針腳折彎，避免插入的針腳脫落。這時看著從電路板配線圖的從焊接面所見的圖，往配線的方向彎曲針腳。

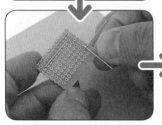

❺接著插入隔壁的1kΩ電阻器。往配線的方向折彎針腳後，如圖會出現多餘的部分，所以要用斜口鉗剪掉針腳，調整成適當的長度。剪掉的針腳可用來補足線的長度不足的部分，所以先放入零件盤保留。

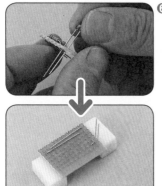

❻接著插入連接電阻器的光電晶體。光電晶體保持離電路板10mm的狀態。這樣才能正確地插入1MΩ、1kΩ電阻器、3個光電晶體等零件，再以焊接固定。如圖把電路板放在橡皮擦等平台上作業。

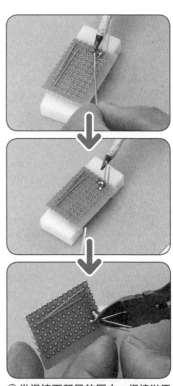

❼從焊接面所見的圖中，焊接以黑色圓點標示的3個地方。焊接的方法請參考第26～28頁。焊接完成後，多餘的針腳用斜口鉗剪掉。

⑧其他零件也同樣從零件面插入，在焊接面往配線方向折彎，焊接連接電路板配線圖的黑色圓點部分，關於配線圖中線折彎的地方，使用扁嘴鉗將線如圖折彎配線。

⑨最後插入最突出的LED，然後焊接。另外，電路板配線圖的黑色圓點部分，要仔細檢查是否有沒焊接到的地方，將焊錫流入所有黑色圓點連接。反之，如果焊接到不是黑色圓點的部分，有可能變成短路迴路使零件損壞，因此要仔細檢查。

忘了這裡！

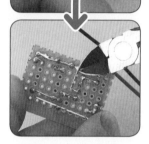

⑩也插入電池扣的導線，同樣進行焊接。電路板配線圖的白色圓點表示導線等連接外部的連接部分。電源的正極與負極分別接上紅色與黑色導線。多餘的導線也用斜口鉗剪掉調整。

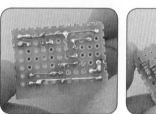

⑪所有配線接好便完成。

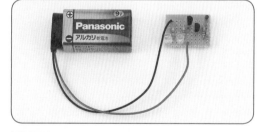

防止零件插錯的方法

複製電路板配線圖貼在零件面，就能照著圖插入零件，這樣就不會插錯。本書的電路板配線圖都是以實際尺寸刊載，所以直接以相同尺寸複製，就會和電路板的尺寸吻合。全部連完後把紙抽掉即可。

:用法:

再次仔細比較配線圖與勞作的配線，檢查有無錯誤之處，然後接上乾電池。讓光感測器附近變暗，一沒照到光，LED就點亮便算成功。正式的電子勞作裝置就完成了！當然，有時候做好的勞作沒辦法順利啟動，這時就參考第114頁找出原因吧！

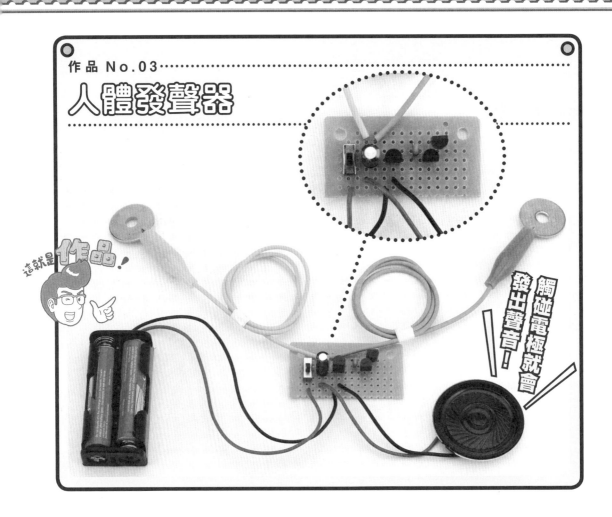

作品 No.03

人體發聲器

這就是作品！

觸碰電極就會發出聲音！

利用弛緩振盪迴路的機制，用人體發聲的樂器。鱷魚夾前端是電極，這裡裝上適合的電阻器振盪，從喇叭輸出聲音。

人體是具有一定程度電阻的導體。用鱷魚夾夾住好握的硬幣，再用兩手捏住，然後就會發出聲音，捏法不同會使聲音產生變化。

迴路圖

看到迴路圖，可知這是簡單的弛緩振盪迴路。但是，與振盪頻率有關的電阻器部分是鱷魚夾的電極。在這個電極裝上電阻器，迴路就會連接、振盪，從喇叭輸出。電阻值改變，振盪的頻率也會改變，能使音色產生變化。

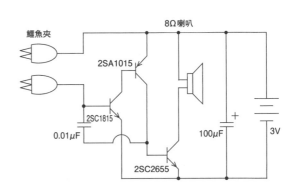

鱷魚夾　　　　　　　　　　　8Ω喇叭

2SA1015

2SC1815

0.01μF

100μF

3V

2SC2655

裝配圖

在萬用電路板裝配零件的完成圖。

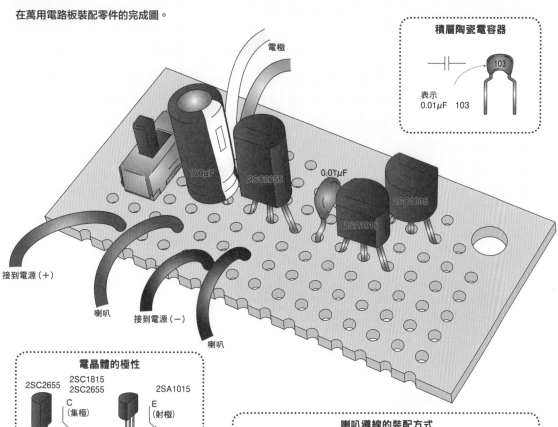

積層陶瓷電容器

表示
0.01μF　103

電極

100μF

2SC2655

0.01μF

2SA1015

2SC1815

接到電源（＋）

喇叭

接到電源（－）

喇叭

電晶體的極性

2SC2655

2SC1815
2SC2655

C（集極）

B（基極）

E（射極）

B

C

E

2SA1015

E（射極）

B（基極）

C（集極）

E

C

電解電容器的極性

100μF

記號

針腳較短者或
有記號的一邊
為負極

鍍錫的方法

烙鐵貼住導線前端，
流入焊線，讓導線容
易焊接，這就叫做
「鍍錫」。焊線固定
在某處不讓它移動，
用烙鐵和導線進行即
可。

※所需零件清單請看第9頁。

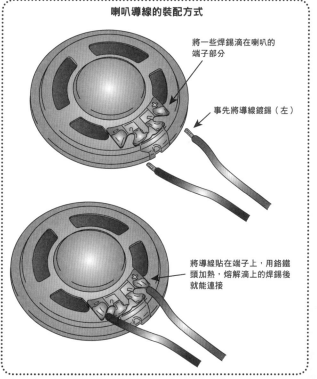

喇叭導線的裝配方式

將一些焊錫滴在喇叭的
端子部分

事先將導線鍍錫（左）

將導線貼在端子上，用烙鐵
頭加熱，熔解滴上的焊錫後
就能連接

:做法:

參考右邊的電路板配線圖,將15×15洞的電路板裁成
7×15洞,從零件面插入電子零件的針腳焊接。

在萬用電路板的焊接面折
彎電子零件的針腳配線,
但有些地方光靠零件的針
腳無法完成配線連接。這
時,利用剪掉的零件針腳
或鍍錫線,將線與線之間
焊接連接補足。在這個勞
作中,從負極的電源連接
電晶體折彎的配線部分,
必須用鍍錫線補足。用扁
嘴鉗夾住鍍錫線移到想補
足的位置,然後焊接。

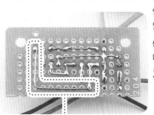

用鍍錫線補足

電路板配線圖

從零件面所見的圖

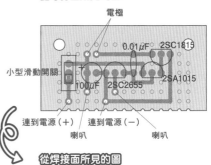

電極

0.01μF 2SC1815

小型滑動開關

100μF 2SC2655

2SA1015

連到電源(+) 連到電源(−)
喇叭 喇叭

從焊接面所見的圖

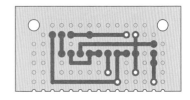

:用法:

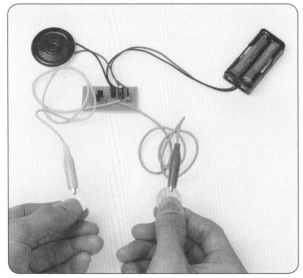

捏住電極的方式能使聲音改變,十分有趣!把連接鱷魚夾的零件
換成不同的東西試試吧!

打開電源開關,兩手捏住鱷魚夾的電極部分,
就會從喇叭輸出奇妙的電子音。捏法不同會使
聲音改變,依照手指皮膚表面的水分狀態也會
使電阻值改變,讓聲音變得不一樣。2人各捏
住一邊觸碰臉部,或者好幾個人手牽手也會發
出聲音,因此可知這裡有電流通過。

注意

使用這個裝置時,注意不要讓鱷魚夾直接
連接。這是因為較大的電流流入電晶體的
基極,不僅不會振盪,還會損壞電晶體。

作品 No.04

迷你收音機

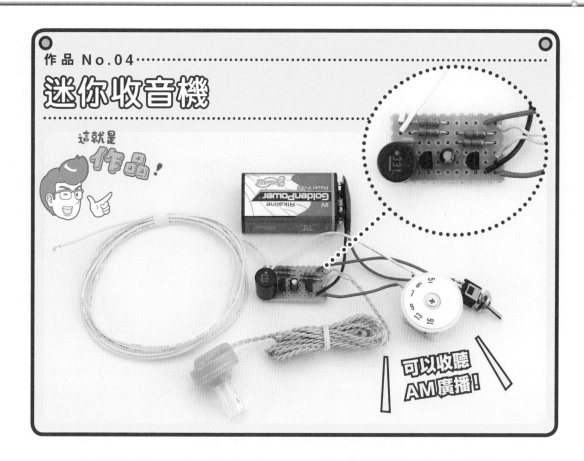

這就是作品！

可以收聽AM廣播！

用2個電晶體增幅，使用耳機收聽的收音機。看到迴路圖，同樣是由2個電晶體串聯，因為是直線的增幅，所以稱為直放式（直接檢波式）收音機。

收音機主要是由調諧迴路、檢波迴路和增幅迴路所構成。然而，雖然這種收音機有線圈和可變電容器的調諧迴路、及電晶體的增幅迴路，卻看不到二極體的檢波迴路。其實，在這個迴路中是由電晶體負責這個作用。

迴路圖

藉由使用線圈和可變電容器的調諧迴路選擇廣播電台。線圈要使用能收進小盒子的微型電感器；可變電容器則使用AM廣播專用的零件。藉此調諧的訊號會輸入電晶體的基極檢波。這個訊號由另1個電晶體增幅，再經由陶瓷耳機轉換為聲音。

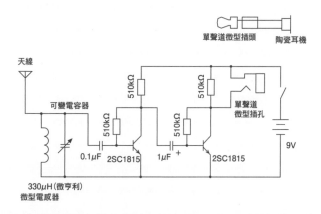

單聲道微型插頭　陶瓷耳機

天線

可變電容器

510kΩ

510kΩ

510kΩ

510kΩ

單聲道微型插孔

0.1μF　2SC1815

1μF　+　2SC1815

9V

330μH（微亨利）微型電感器

在萬用電路板裝配零件的完成圖。

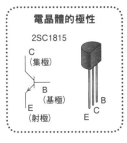

電晶體的極性

2SC1815

C（集極）

B（基極）

E（射極）

電解電容器的極性

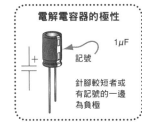

1μF

記號

針腳較短者或有記號的一邊為負極

微型電感器

330μH

積層陶瓷電容器

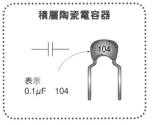

104

表示
0.1μF　104

可變電容器

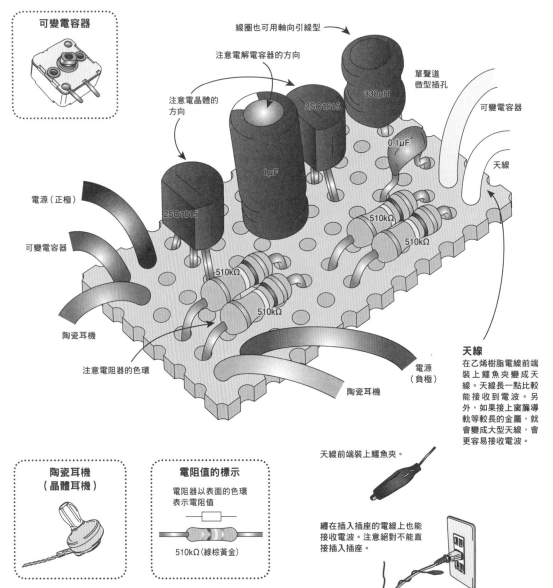

線圈也可用軸向引線型

注意電解電容器的方向

注意電晶體的方向

單聲道微型插孔

可變電容器

330μH

2SC1815

0.1μF

天線

電源（正極）

1μF

可變電容器

2SC1815

510kΩ

510kΩ

陶瓷耳機

510kΩ

510kΩ

注意電阻器的色環

電源（負極）

陶瓷耳機

天線

在乙烯樹脂電線前端裝上鱷魚夾變成天線。天線長一點比較能接收到電波。另外，如果接上窗簾導軌等較長的金屬，就會變成大型天線，會更容易接收電波。

陶瓷耳機（晶體耳機）

電阻值的標示

電阻器以表面的色環表示電阻值

510kΩ（綠棕黃金）

天線前端裝上鱷魚夾。

纏在插入插座的電線上也能接收電波。注意絕對不能直接插入插座。

※所需零件清單請看第9頁。

做法

參考右邊的電路板配線圖，將15×15洞的電路板裁成6×11洞，從零件面插入電子零件的針腳焊接。

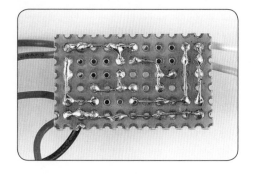

電路板配線圖

從零件面所見的圖

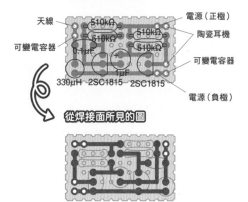

天線
可變電容器
510kΩ
510kΩ
510kΩ
510kΩ
0.1μF
1μF
330μH 2SC1815 2SC1815
電源（正極）
陶瓷耳機
可變電容器
電源（負極）

從焊接面所見的圖

用法

裝進圖中這樣的盒子裡能提高完成度。這裡使用巧克力點心的細長型盒子。打開電源開關後，耳朵貼近耳機，稍微旋轉可變電容器的旋鈕，尋找可以收聽廣播的位置。如果能聽到AM廣播的聲音便成功了。

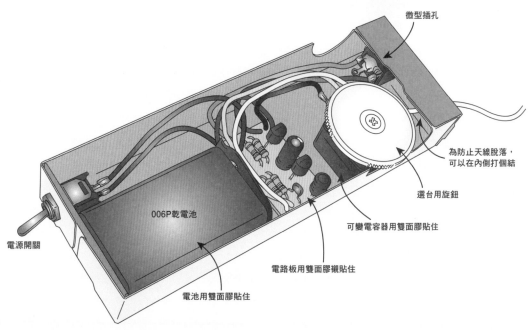

微型插孔

為防止天線脫落，可以在內側打個結

選台用旋鈕

可變電容器用雙面膠貼住

電路板用雙面膠攪貼住

電源開關

006P乾電池

電池用雙面膠貼住

※根據廣播電台發射天線的距離與電波狀況，有時無法收聽廣播。
　如果沒有任何雜音，有可能是配線錯誤，請再仔細檢查一次。

聲控風扇

這就是作品！

大叫「啊～」風扇就會旋轉喔！

用聲音讓馬達開始轉動的裝置。用駐極體電容式麥克風（ECM）將聲音轉變成電子訊號，藉由達靈頓連接的電晶體大為增幅。然後再藉由電晶體增幅，轉動馬達。馬達需要500mA的較大電流，作為驅動馬達的迴路，要使用能通過2A的2SC2655這種電晶體作為驅動器。

對著麥克風大叫，或是拍手輸入聲音後馬達就會轉動。這不是在風扇前大叫「啊～」讓聲音振動的遊戲，而是大叫「啊～」來轉動風扇的有趣裝置。

迴路圖

利用達靈頓連接，使輸入電容式麥克風的聲音大為增幅。這個輸出會對100μF的電解電容器充電，這裡的放電是以下一個電晶體2SC1815做為開關。這時二極體1N4002會發揮防止馬達逆流電流的作用。這裡使用的馬達是MABUCHI FA-130。消耗電力為500mA，馬達的開關則使用能控制1.5A電流的電晶體2SC2236。

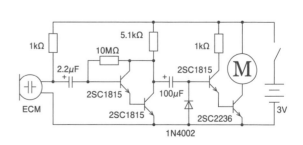

裝配圖

在萬用電路板裝配零件的完成圖。

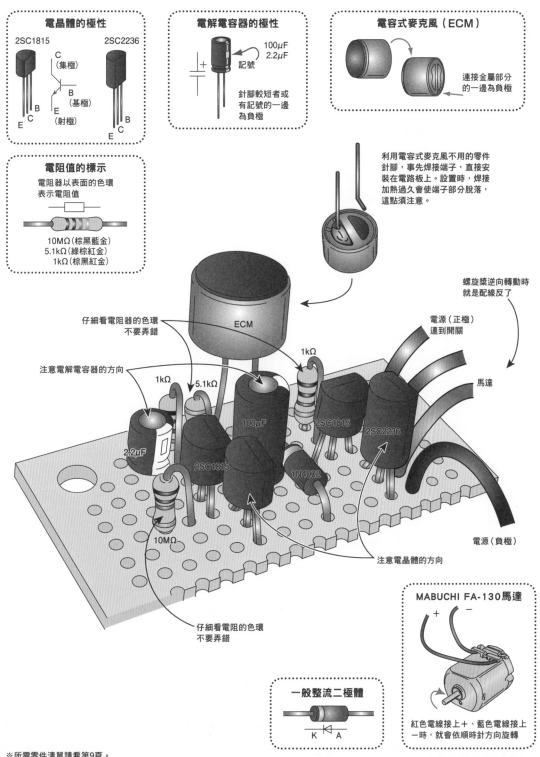

電晶體的極性

2SC1815　　2SC2236

C（集極）
B（基極）
E（射極）
E　C
C　B
E

電解電容器的極性

100μF
2.2μF
記號

針腳較短者或
有記號的一邊
為負極

電容式麥克風（ECM）

連接金屬部分
的一邊為負極

電阻值的標示

電阻器以表面的色環
表示電阻值

10MΩ（棕黑藍金）
5.1kΩ（綠棕紅金）
1kΩ（棕黑紅金）

利用電容式麥克風不用的零件
針腳，事先焊接端子，直接安
裝在電路板上。設置時，焊接
加熱過久會使端子部分脫落，
這點須注意。

ECM

仔細看電阻器的色環
不要弄錯

注意電解電容器的方向

1kΩ

1kΩ　5.1kΩ

100μF

2.2μF

2SC1815

2SC1815

1N4002

2SC2236

10MΩ

螺旋槳逆向轉動時
就是配線反了

電源（正極）
連到開關

馬達

電源（負極）

注意電晶體的方向

仔細看電阻的色環
不要弄錯

一般整流二極體

K　A

MABUCHI FA-130馬達

＋　－

紅色電線接上＋、藍色電線接上
－時，就會依順時針方向旋轉

※所需零件清單請看第9頁。

❶ 參考右邊的電路板配線圖,將15×15洞的電路板裁成一半,從零件面插入電子零件的針腳焊接。電阻器直向插入電路板,針腳反折插入隔壁的洞。

❷ 使用厚紙板,如下圖做個當成底部的紙板和固定馬達的脖子。脖子的下方打洞,裝上電路板與電源開關。在馬達裝上螺旋槳,用雙面膠貼住脖子,再將電池盒以雙面膠貼在底板上便完成。

電路板配線圖

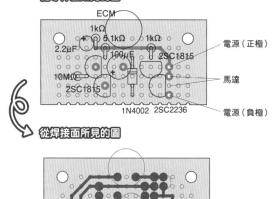

用法

對著麥克風發出聲音,螺旋槳就會旋轉對著自己送風!想要變涼卻得費力發出聲音,雖然是個毫無意義的勞作,不過製作這種難以置信的東西也是電子勞作的樂趣。只要應用這個機制,或許會浮現新點子喔。

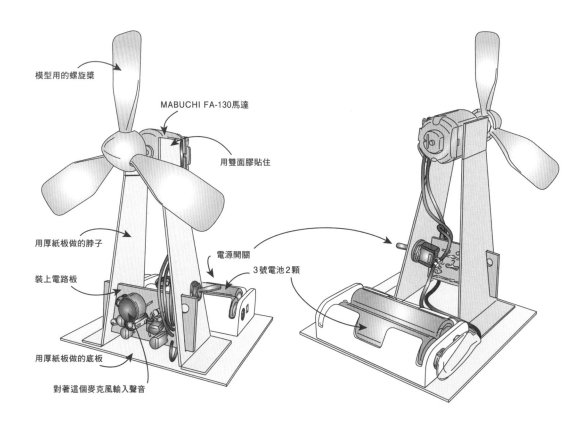

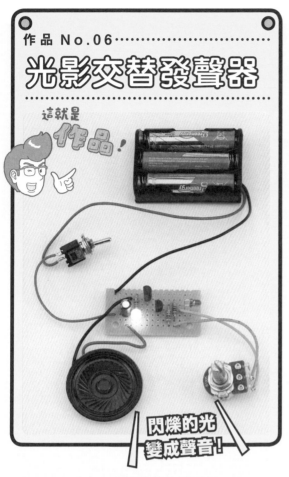

作品 No.06

光影交替發聲器

這就是 作品！

閃爍的光 變成聲音！

使用作為光感測器的光電晶體，簡單地增幅光的強度，透過喇叭輸出的迴路。然而雖然有喇叭，卻沒有振盪迴路，所以無法直接發出聲音。那麼，這要怎麼啟動呢？這個機制是當光感測器照到光，或者在陰影下的時候，就會從喇叭輸出聲音。

具體而言，數十～數百Hz閃爍的光會直接使錐形管狀紙晃動，於是就能發出聲音。也就是雖然肉眼無法辨識，不過以50、60Hz明滅的房間螢光燈或街燈等光線朝向感測器時就會發出聲音。用電視或電腦螢幕也行。如果有「嘟」的聲音，就表示光線正在高速地閃爍。

送到家裡插座的電，是正電與負電在1秒內會交替數次的交流電。1秒內交替的次數稱為頻率，以「Hz（赫茲）」這個單位表示。在日本以富士川為界，東日本是50Hz，西日本則是60Hz。無論是螢光燈或LED照明，交流電對於發光都有影響，就算是看似一直點亮的光，其實也會細微地閃爍。

這個週期在1秒內反覆的次數就稱為頻率

西日本為 **60Hz**

東日本為 **50Hz**

迴路圖

光電晶體的功能與NPN型電晶體相似，不過對基極不是輸入電，而是光。換句話說，它會按照亮度增幅或是打開開關，變暗時則不會通電。此外，因為是半導體所以反應快，對於肉眼無法辨識的閃爍也能產生反應。在迴路圖中，明亮時會在光電晶體NJL7502L的集極～射極之間通電，變暗時就不會通電，而是通過1kΩ電阻輸入2SC1815。這個輸出由2SC2120接收，成了讓喇叭發出聲音的簡單迴路。

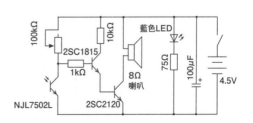

在萬用電路板裝配零件的完成圖。

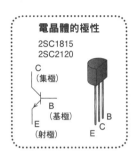

電晶體的極性

2SC1815
2SC2120

C（集極）
B（基極）
E（射極）

E C B

電阻值的標示

電阻器以表面的色環
表示電阻值

10kΩ（棕黑橙金）
1kΩ（棕黑紅金）
75Ω（紫綠黑金）

電解電容器的極性

100μF
記號

針腳較短者或
有記號的一邊
為負極

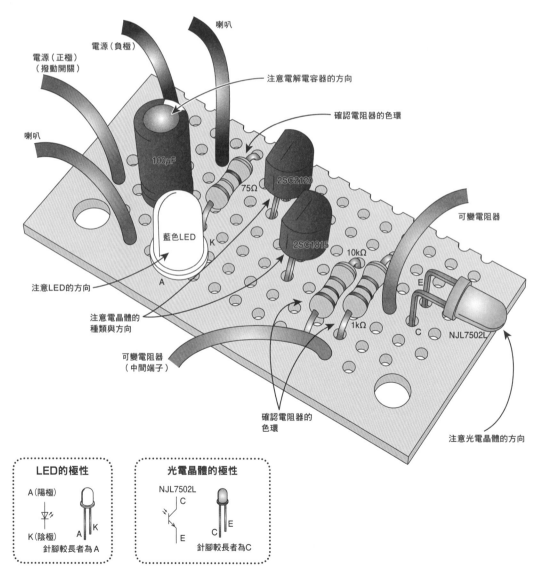

喇叭

電源（負極）

電源（正極）
（撥動開關）

喇叭

注意電解電容器的方向

確認電阻器的色環

100μF

75Ω

2SC2120

藍色LED

K

2SC1815

10kΩ

可變電阻器

注意LED的方向

A

注意電晶體的
種類與方向

1kΩ

C

E

NJL7502L

可變電阻器
（中間端子）

確認電阻器的
色環

注意光電晶體的方向

LED的極性

A（陽極）

K（陰極）
針腳較長者為A

A K

光電晶體的極性

NJL7502L

C
E

C E

針腳較長者為C

※所需零件清單請看第10頁。

做法

參考右邊的電路板配線圖,將15×15洞的電路板裁成15×7洞,從零件面插入電子零件的針腳焊接。

在可變電阻器的端子,讓焊錫滲入導線(鍍錫),直接焊接。

電路板配線圖

從零件面所見的圖

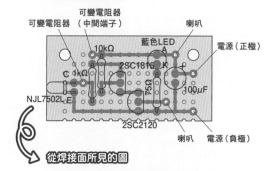

可變電阻器
可變電阻器(中間端子)
喇叭
10kΩ
藍色LED
A
2SC1815
K
喇叭
電源(正極)
C
1kΩ
75Ω
100μF
NJL7502L E
2SC2120
喇叭
電源(負極)

從焊接面所見的圖

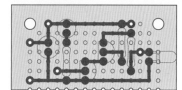

用法

像右圖一樣,裝進用厚紙板做成的盒子裡,能提高勞作的完成度。打開開關後,啟動燈的藍色LED就會發光。在這個狀態下,將光電晶體前端朝向螢光燈或LED燈泡,慢慢旋轉可變電阻器的旋鈕,就會從喇叭聽到「嘟一」的聲音。有時候接收到電視或電腦畫面的光,或電視遙控器的紅外線也會發出聲音。對著各種聲音,確認肉眼看不見的閃爍吧!

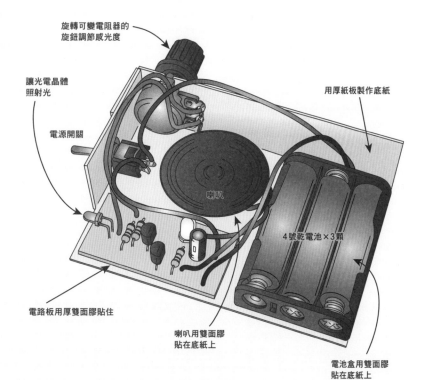

旋轉可變電阻器的旋鈕調節感光度

讓光電晶體照射光

用厚紙板製作底紙

電源開關

喇叭

4號乾電池×3顆

電路板用厚雙面膠貼住

喇叭用雙面膠貼在底紙上

電池盒用雙面膠貼在底紙上

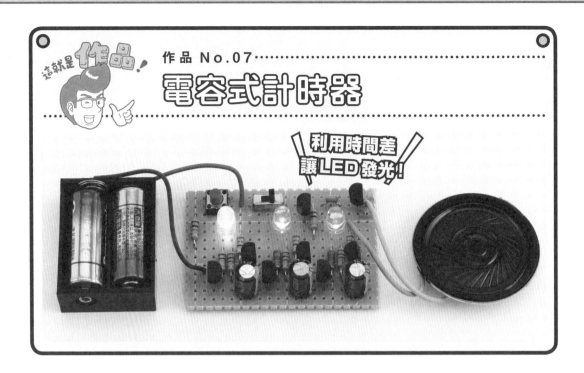

作品 No.07

電容式計時器

利用時間差
讓LED發光！

在第67頁解說過，使用電容器的「計時迴路」的勞作。相同容量的3個電容器，以3種電阻值通電，藉由電晶體點亮LED的機制。一開始是綠色，然後點亮紅色，最後隨著蜂鳴聲點亮紅色LED。

4～5秒後
綠色LED
點亮

7～8秒後
紅色LED
點亮

:迴路圖:

分別通過100kΩ、220kΩ、510kΩ的電阻器，讓3個220μF的電容器充電。充飽電後通過1kΩ的電阻器，流向電晶體2SC2120的基極，所以開關變成ON，各個LED便會點亮。電阻值較低者通過較多電，所以會以100kΩ、220kΩ、510kΩ的順序點亮

LED。最後510kΩ的部分不只是點亮LED，還利用PNP型、NPN型電晶體組合的振盪迴路，從喇叭發出蜂鳴聲。另外，迴路圖最左邊的開關是重啟開關，利用電晶體讓電容器放電。

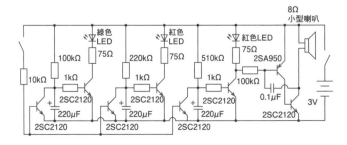

裝配圖

在萬用電路板裝配零件的完成圖。

電阻值的標示

電阻以表面的色環
表示電阻值

510kΩ (綠棕黃金)
220kΩ (紅紅黃金)
100kΩ (棕黑黃金)
10kΩ (棕黑橙金)
1kΩ (棕黑紅金)
75Ω (紫綠黑金)

LED的極性

A (陽極)

K (陰極)

針腳較長者為 A

積層陶瓷電容器

表示
0.1μF 104

104

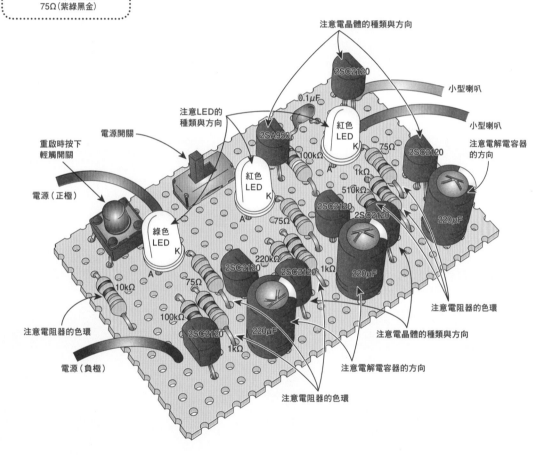

注意電晶體的種類與方向

2SC2120

小型喇叭

0.1μF

注意LED的
種類與方向

電源開關

2SA950

100kΩ

紅色
LED
K

A

75Ω

1kΩ

小型喇叭

2SC2120

注意電解電容器
的方向

220μF

重啟時按下
輕觸開關

紅色
LED
K

A

510kΩ

2SC2120
2SC2120

電源 (正極)

綠色
LED
K

A

75Ω

220kΩ

2SC2120

2SC2120

1kΩ

220μF

注意電阻器的色環

注意電阻器的色環

10kΩ

75Ω

100kΩ

220μF

2SC2120

1kΩ

注意電晶體的種類與方向

電源 (負極)

注意電解電容器的方向

注意電阻器的色環

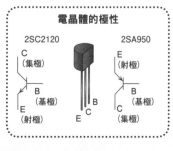

電晶體的極性

2SC2120

C (集極)

B (基極)

E (射極)

2SA950

E (射極)

B (基極)

C (集極)

※這個迴路所使用的電晶體
2SC2120、2SA950目前已
停售,難以取得。2SC2120
可用2SC2655L或8050SL
替代;2SA950則可以改用
2SA1020L或8550SL。

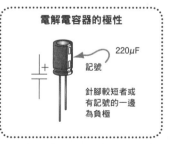

電解電容器的極性

220μF

記號

針腳較短者或
有記號的一邊
為負極

※所需零件清單請看第10頁。

做法

參考右邊的電路板配線圖，將25×15洞的電路板裁成20×13洞，從零件面插入電子零件的針腳焊接。

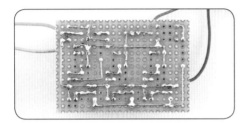

電路板配線圖

從零件面所見的圖

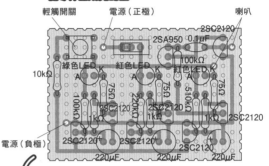

輕觸開關　電源（正極）　　　喇叭

2SC2120
2SA950　0.1μF
綠色LED　紅色LED　　紅色LED K　100kΩ
10kΩ　A　K　A　K　A
75Ω　75Ω　510kΩ　75Ω
100kΩ　2SC2120　220kΩ　2SC2120　2SC2120
1kΩ　1kΩ　1kΩ　2SC2120
電源（負極）　2SC2120　2SC2120　2SC2120
220μF　220μF　220μF

從焊接面所見的圖

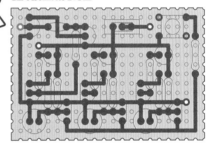

用法

如下圖一樣，裝進盒子裡就能提高勞作的完成度。這裡使用巧克力點心的細長型盒子。打開電源開關後，計時器就會啟動。一開始4～5秒後綠色LED會點亮，7～8秒後換紅色LED點亮。接著，14～15秒後會從喇叭開始發出噗嗞噗嗞的聲音，不久最後一個紅色LED會隨著「嘟一」的聲音點亮。按下重啟用開關就會重新開始，可以當成猜謎或遊戲的思考計時器使用。

當成黑白棋的思考計時器使用。噗嗞噗嗞的聲音開始響起時會很緊張！

外盒開個窗，就能看見LED和開關

電源開關
重啟用開關
加工內盒讓電池盒能放進去（可以先向內折再貼上）

加工盒子把喇叭放進去（可以挖掉一部分）

小型喇叭

電路板、電池盒、喇叭用厚雙面膠貼在內盒裡

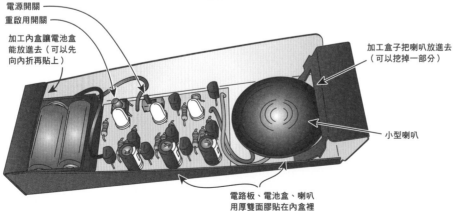

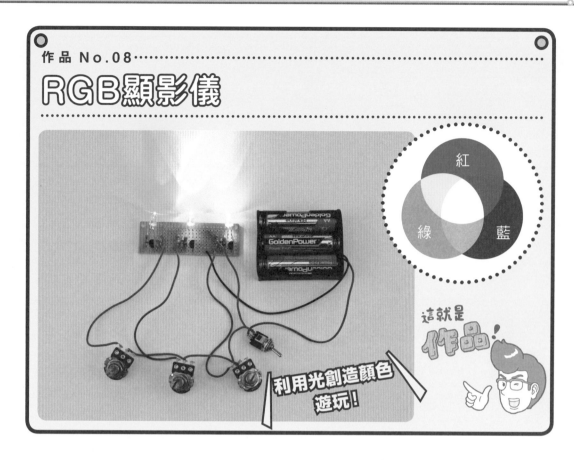

作品 No.08

RGB顯影儀

這就是作品！

利用光創造顏色遊玩！

紅、綠、藍這3種顏色稱為光的三原色，用這3種顏色能呈現出各種顏色。例如，紅和綠混合便是黃色、紅和藍混合便是紫色，3種顏色全部混合便成了白色。此外，如果改變混合比例，就能呈現出更多顏色。如紅色多一點、綠色少一點便是橙色；紅色多一點、綠色與藍色少一點便是粉紅色。

這是利用電晶體，對這些LED調光的迴路。旋轉可變電阻器的旋鈕，創造各種顏色組合進行實驗吧！

迴路圖

為了呈現RGB（三原色）的3種顏色，要準備這3種顏色的LED，藉由可變電阻器就能變更亮度。為此要利用電晶體的增幅功能，便能調節輸入基極的電流。矽樹脂的電晶體是以大約0.6V來驅動。如果低於這個數值，LED就不會被點亮，所以在負極連接10kΩ的電阻器，LED就會從完全不發光的狀態轉變成發光的狀態。但是，可變電阻器旋轉過度就會使過大的電流流向電晶體的基極，所以要加入1kΩ的電阻器。就以這種組合分別產生出RGB。

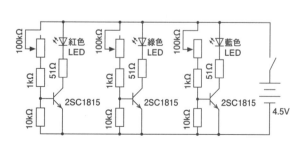

裝配圖

在萬用電路板裝配零件的完成圖。

電晶體的極性

2SC1815

C
（集極）

B
（基極）

E
（射極）

電阻值的標示

電阻器以表面的色環
表示電阻值

10kΩ（棕黑橙金）
1kΩ（棕黑紅金）
51Ω（綠棕黑金）

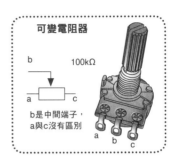

可變電阻器

100kΩ

b是中間端子，
a與c沒有區別

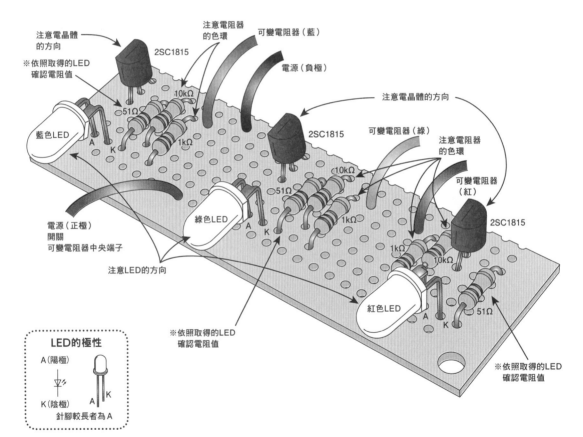

LED的極性

A（陽極）

K（陰極）

針腳較長者為A

※使用的LED是電流值比較大的，所以串聯連接的電阻器
使用51Ω，不過能取得的紅色LED若是2.0V20mA就用
150Ω，綠色、藍色若是3.5V20mA就使用75Ω。

紅　　2.0V20mA　→　150Ω
藍、綠　3.5V20mA　→　75Ω

※所需零件清單請看第10頁。

做法

參考右邊的電路板配線圖，將25×15洞的電路板裁成25×7洞，從零件面插入電子零件的針腳焊接。

電路板配線圖

從零件面所見的圖

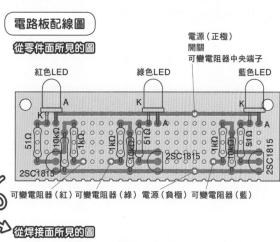

紅色LED　　　綠色LED

電源（正極）
開關
可變電阻器中央端子

藍色LED

A　　　　　K　　　　　K

K　　　　　A　　　　　A

51Ω　10KΩ　1KΩ　1KΩ　10KΩ　51Ω　1KΩ　10KΩ　51Ω

2SC1815　　　　　2SC1815　　　　　2SC1815

可變電阻器（紅）可變電阻器（綠）電源（負極）可變電阻器（藍）

從焊接面所見的圖

用法

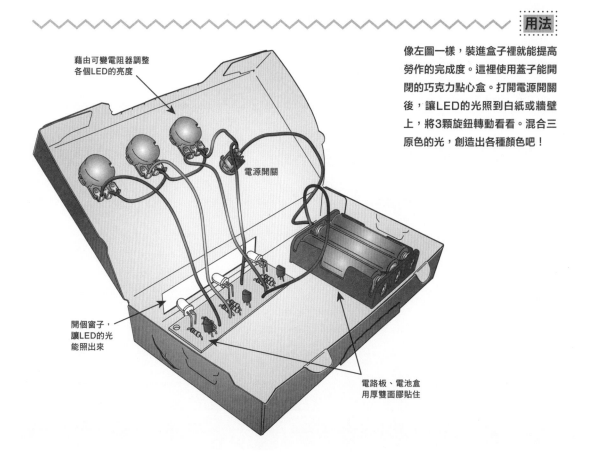

藉由可變電阻器調整
各個LED的亮度

電源開關

開個窗子，
讓LED的光
能照出來

電路板、電池盒
用厚雙面膠貼住

像左圖一樣，裝進盒子裡就能提高勞作的完成度。這裡使用蓋子能開閉的巧克力點心盒。打開電源開關後，讓LED的光照到白紙或牆壁上，將3顆旋鈕轉動看看。混合三原色的光，創造出各種顏色吧！

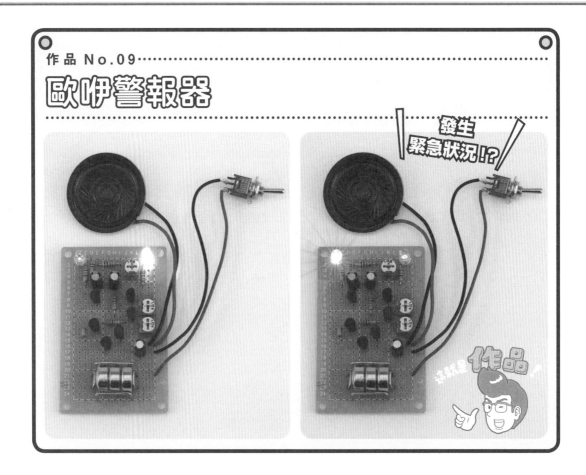

作品 No.09

歐咿警報器

發生緊急狀況!?

這就是作品

無穩態多諧振盪器可以讓2個LED輪流閃爍。想讓它加上聲音就要利用弛緩振盪迴路。不過它不是嗶嗶叫，而是配合光的明滅發出歐咿歐咿的聲音，音高會變化的迴路。

迴路圖

將電晶體用於2個振盪迴路。迴路圖右側的粉紅色部分，是創造聲音訊號的弛緩振盪迴路，以及讓空氣振動的喇叭。左側藍色部分的振盪迴路，是LED會輪流閃爍的無穩態多諧振盪器。LED的一邊（在此為藍色）

發光時，電會通過1kΩ的電阻器並打開電晶體2SC2120，使電流流向2個100kΩ可變電阻器的其中一方。因為如此組合電阻值就會改變，弛緩振盪迴路的頻率也會改變，於是發出歐咿歐咿的警報聲。

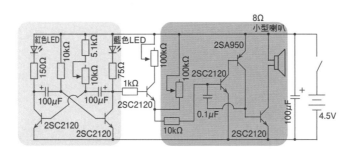

裝配圖

在萬用電路板裝配零件的完成圖。

※這個迴路所使用的電晶體2SC2120、2SA950目前已停售，難以取得。
2SC2120可用2SC2655L或8050SL替代；2SA950則可以改用2SA1020L
或8550SL。

LED的極性

A（陽極）

K（陰極）

針腳較長者為A

電晶體的極性

2SC2120

C（集極）

B（基極）

E（射極）

2SA950

E（射極）

B（基極）

C（集極）

電阻值的標示

電阻以表面的色環
表示電阻值

10kΩ（棕黑橙金）
5.1kΩ（綠棕紅金）
1kΩ（棕黑紅金）
150Ω（棕綠棕金）
75Ω（紫綠黑金）

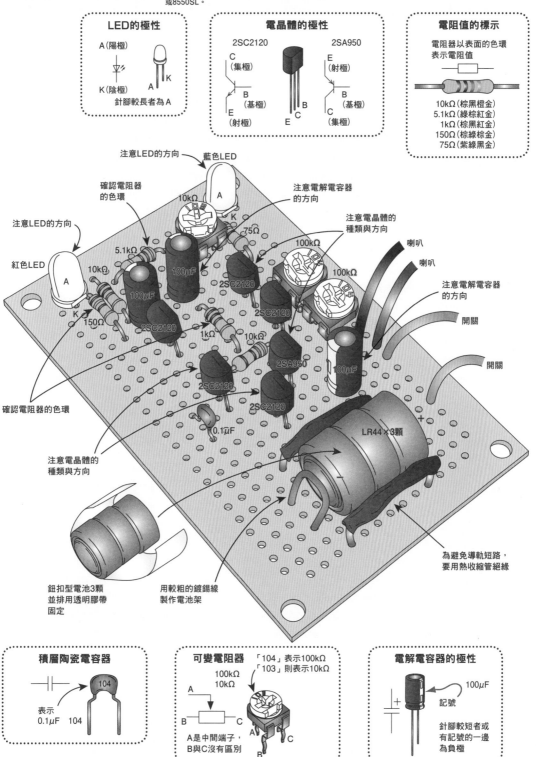

注意LED的方向　藍色LED

確認電阻器的色環

10kΩ

注意電解電容器的方向

注意LED的方向

紅色LED

5.1kΩ

10kΩ

150Ω

100μF

100μF

2SC2120

75Ω

100kΩ

2SC2120

100kΩ

注意電晶體的種類與方向

喇叭

喇叭

注意電解電容器的方向

開關

1kΩ

10kΩ

2SA950

100μF

開關

確認電阻器的色環

2SC2120

2SC2120

0.1μF

LR44×3顆

＋

注意電晶體的種類與方向

為避免導軌短路，要用熱收縮管絕緣

鈕扣型電池3顆並排用透明膠帶固定

用較粗的鍍錫線製作電池架

積層陶瓷電容器

104

表示
0.1μF　104

可變電阻器

「104」表示100kΩ
「103」則表示10kΩ

100kΩ
10kΩ

A

B　　C

A是中間端子，
B與C沒有區別

電解電容器的極性

100μF

記號

針腳較短者或
有記號的一邊
為負極

※所需零件清單請看第10頁。

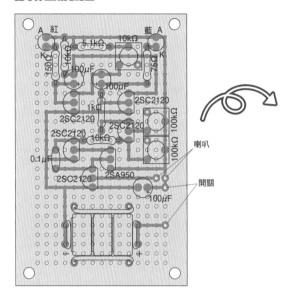

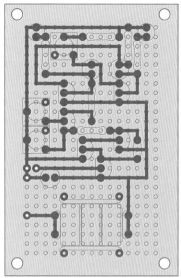

電路板配線圖

從零件面所見的圖

從焊接面所見的圖

A 紅 藍 A
10kΩ
5.1kΩ
K 150Ω 10kΩ 75Ω K
100μF
100μF
1kΩ 2SC2120 100kΩ
2SC2120 2SC2120 100kΩ
2SC2120 10kΩ 100kΩ
0.1μF 喇叭
2SC2120 2SA950 開關
100μF

做法

參考上方的電路板配線圖,從零件面將電子零件的針腳插入25×15洞的電路板焊接。

用法

像圖一樣,裝進用厚紙板製作的盒子裡就能提高勞作的完成度。打開開關後,紅色與藍色LED會輪流發光,發出歐咿歐咿的警報聲。藉由10kΩ的可變電阻器可以調整LED的點亮時間,利用100kΩ的可變電阻器則可以調整警報器的音高。

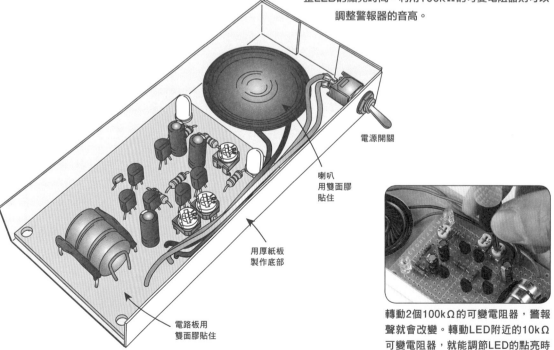

電源開關

喇叭
用雙面膠
貼住

用厚紙板
製作底部

電路板用
雙面膠貼住

轉動2個100kΩ的可變電阻器,警報聲就會改變。轉動LED附近的10kΩ可變電阻器,就能調節LED的點亮時間。

作品 No.10

燈飾立體透視模型

這就是作品！

照亮立體透視模型！

　　利用LED做出宛如裝飾著燈飾的小型立體透視模型勞作。現在能製造出高輝度、發色佳的LED，常用於街上的燈飾。因此，讓我們來製作將小型立體透視紙模型照亮的燈飾吧！

　　雖是6個LED隨機閃爍的呈現方式，不過看到迴路圖可以得知是3個輪流閃爍迴路。分別改變閃爍的間隔，隔開成對的LED的位置，感覺會更像隨機閃爍。雖是簡單的迴路，卻是具備複雜組合的燈飾。

迴路圖

　　由電晶體、電容器、電阻器所構成的無穩態多諧振盪器的機制，能讓LED閃亮明滅的簡單振盪迴路。增加LED的數量，使用3組迴路，才會看起來像是隨機閃爍發光。這個迴路是依據電容器的充電、放電時間切換電晶體，所以改變電容值，或改變電阻值調整流入電容器的電量，就能變更閃爍速度。而在這次的迴路中是改變電阻值。

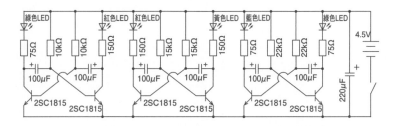

裝配圖

在萬用電路板裝配零件的完成圖。

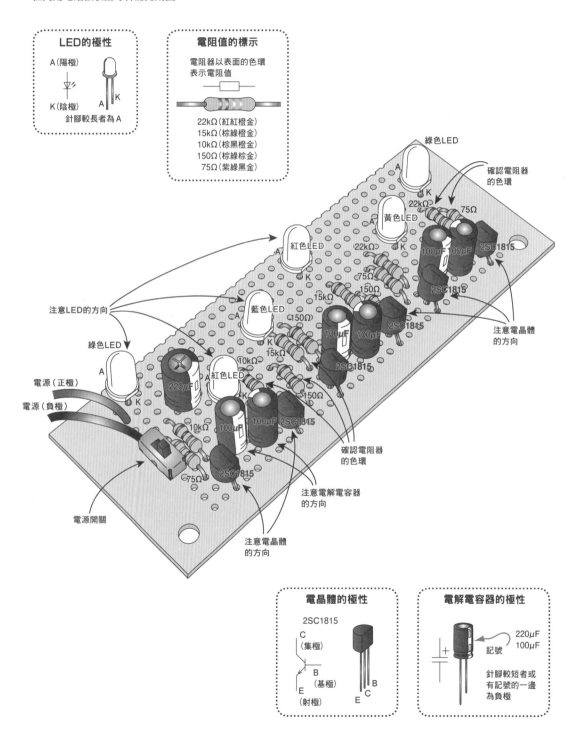

※所需零件清單請看第11頁。

做法

參考電路板配線圖,將30×25洞的電路板裁成一半,從零件面插入電子零件的針腳焊接。

電路板配線圖

從零件面所見的圖

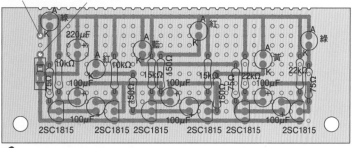

電源(正極) 電源(負極)

2SC1815　2SC1815　2SC1815　2SC1815　2SC1815　2SC1815

用法

像圖一樣,裝進盒子裡就能提高勞作的完成度。這裡使用蓋子能開閉的巧克力點心盒,從上方貼上用圖畫紙製作的立體透視模型。將電源開關轉成ON,LED就會閃爍。再放上用較薄的圖畫紙製作的立體透視模型,讓光線從地面透出,便會呈現閃亮的奇妙景象。這個立體透視模型部分,可以放置玻璃彈珠等讓光透過折射的物品,或是利用鋁箔等能反射光的素材,下點工夫就會變成獨創的燈飾。

從焊接面所見的圖

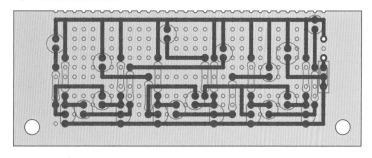

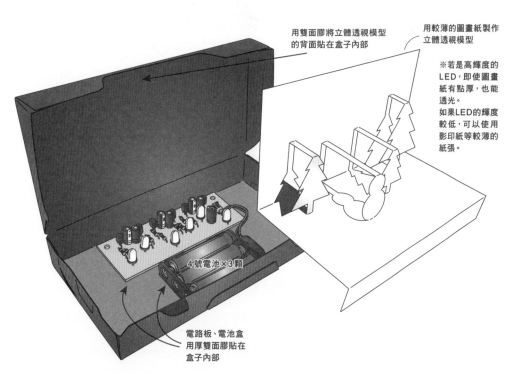

用雙面膠將立體透視模型的背面貼在盒子內部

用較薄的圖畫紙製作立體透視模型

※若是高輝度的LED,即使圖畫紙有點厚,也能透光。
如果LED的輝度較低,可以使用影印紙等較薄的紙張。

4號電池×3顆

電路板、電池盒用厚雙面膠貼在盒子內部

線條追蹤器

沿著黑線
前進的機器車

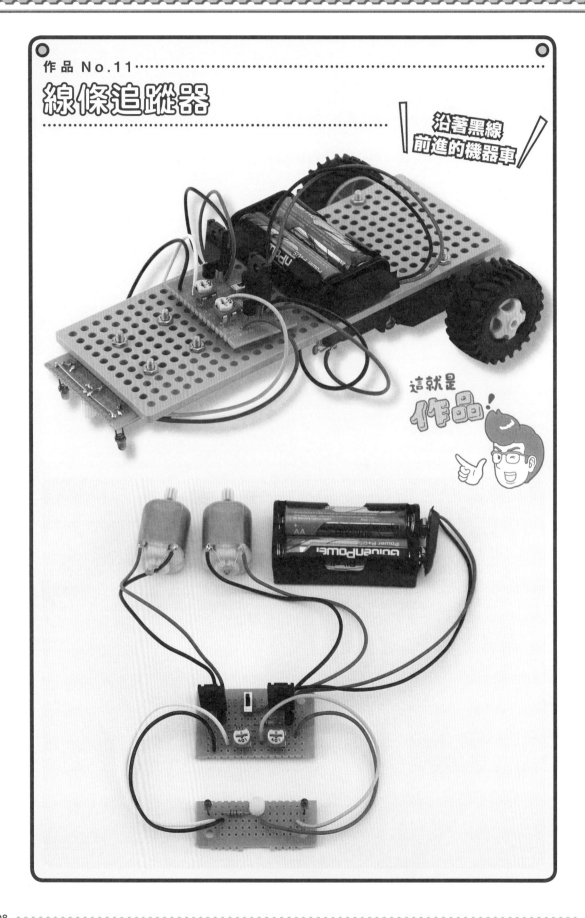

這就是
作品!

藉由光控制馬達，沿著畫在地板上的線自動前進的機器車。利用光電晶體接收LED的光，藉由地板的反射分辨黑白，一邊感知線的有無一邊前進。

左右分別控制馬達，就能向左向右彎。用黑線畫出軌道，機器車就會自動持續繞著軌道跑。

迴路圖

光感測器使用光電晶體NJL7502L，藉由電晶體增幅，使用2SD1828驅動馬達。這種電晶體能通過3A電流。讓機器車的左右輪胎分別活動，藉此控制行進方向，控制馬達的迴路左右各做1個。

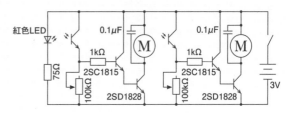

裝配圖

在萬用電路板裝配零件的完成圖。

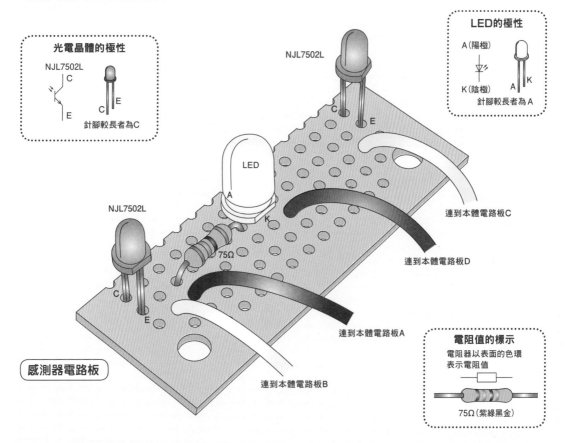

※所需零件清單請看第11頁。

裝配圖

在萬用電路板裝配零件的完成圖。

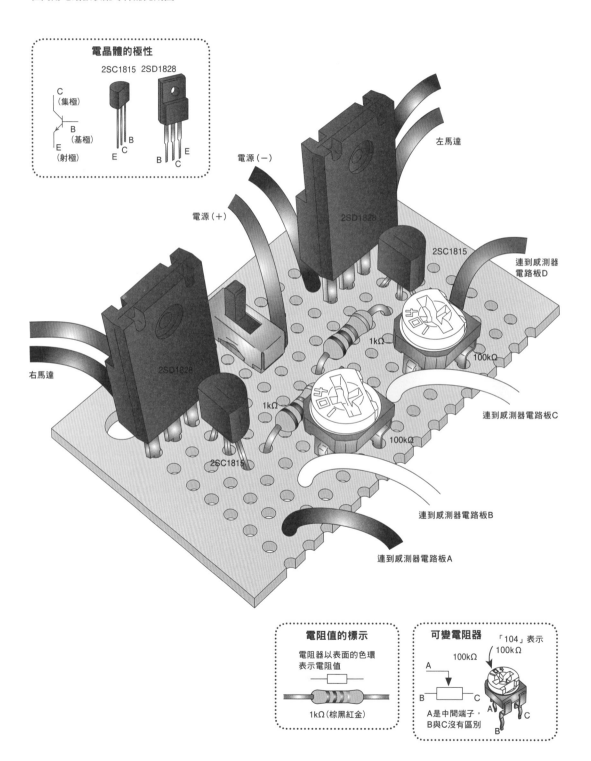

電晶體的極性

2SC1815　2SD1828

C
（集極）
B
（基極）
E
（射極）

E C B

B C E

電源（−）

電源（+）

左馬達

2SD1828

2SC1815

連到感測器
電路板D

1kΩ

100kΩ

右馬達

連到感測器電路板C

1kΩ

2SD1828

100kΩ

2SC1815

連到感測器電路板B

連到感測器電路板A

電阻值的標示

電阻器以表面的色環
表示電阻值

1kΩ（棕黑紅金）

可變電阻器

「104」表示
100kΩ

100kΩ

A

B ── C

A

C

B

A是中間端子，
B與C沒有區別

※所需零件清單請看第11頁。

做法

電路板配線圖

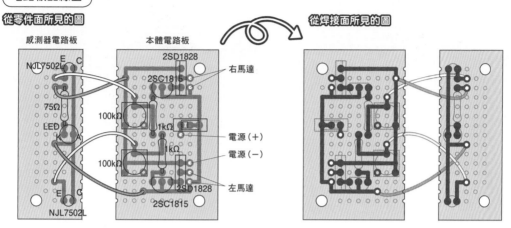

從零件面所見的圖　　　　　　　　　　　　　　　　　從焊接面所見的圖

參考電路板配線圖，將15×15洞的電路板裁成5×15洞和9×15洞，分別製作感測器電路板和本體電路板。從零件面插入電子零件的針腳焊接，利用導線連接感測器電路板和本體電路板。

積層陶瓷電容器和導線直接焊接在馬達的端子上。導線鍍錫裝上去。

車體的組裝

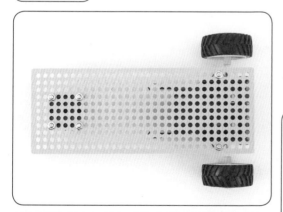

驅動系統使用田宮的雙馬達齒輪箱、卡車輪胎組、圓型球輪、萬用板。在萬用板上按照圖片分別接上齒輪箱、輪胎、圓型球輪。

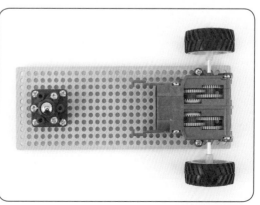

感測器電路板用雙面膠貼在車體前方。

電池盒與本體電路板貼在車體上便完成。

用法

在圖畫紙等大張的白紙上，用黑色萬能筆畫出軌道。軌道一定要頭尾相連，訣竅是不要畫出太急遽的曲線。將車體放到線上，開關轉到ON。在LED發光的同時，馬達會驅動，車子開始行駛。來到轉彎處時一邊的輪胎會停住，如果沿著黑線轉彎便算成功。

線條追蹤的機制

　　LED的光在白色平面上反射，光電晶體就會感知到光。然而地板若是黑的，光就不會反射，沒有感知到光，馬達就不會驅動。

　　車體前方、左右裝上能感知線的感測器，例如當來到右邊的轉彎時，右邊的感測器感知到黑線，於是只有右邊輪胎會停住。然後，因為只有左邊的輪胎轉動，所以車體會向右轉。

　　應用這個機制，如下圖般感測器感知到白線後，也能停止馬達的驅動或者讓它追蹤線條。不妨改造迴路讓它變成這種機制。

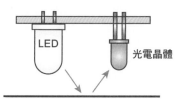

藉由地板的反射感知LED的光。地板若是白色，馬達就會轉動，如果感知到地板的黑線，馬達就會停止。

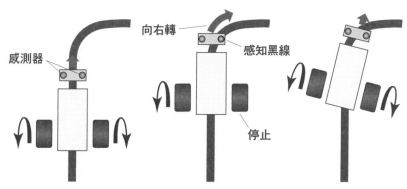

例如黑線向右彎時，右邊的感測器會感知到線，使右邊的輪胎停住，於是車體便會向右前進。左邊的情形則正好相反。重複幾次就能沿著線前進。

**感測器感知到白色時
會停止一邊的馬達並且轉彎**

車體前方、左右裝上感測器，感知黑線以外的白色地板，就能控制輪胎的動作沿著線前進。

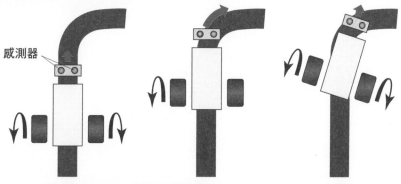

例如若是向右彎的線，左邊感測器會感知到白色地板，右邊輪胎則會停止，於是車體便會向右前進。左邊的情形則正好相反。

捨棄「自以為是」

花費一番工夫才好不容易做好的勞作，卻常常無法順利的啟動。這時，就先從調查原因開始吧！

一開始必須檢查的重點，這算是很常見的情形，就是自認為沒有弄錯。自己認為這裡做得很好、焊接也很確實，這種想法是調查原因時最大的阻礙。因此，首先要先屏除這種想法。

因為實際上並未啟動，肯定是哪邊沒弄好。調查原因時必須冷靜、客觀地面對，這是最大的重點。

用眼睛仔細觀察

首先從電源部分開始確認。乾電池的正極、負極弄反的初級錯誤，其實出人意料地是很常見的錯誤。

然後仔細確認完成的電路板。零件的種類、配置、方向等是否有弄錯？先從零件面開始看起，然後確認焊接面的連接狀態。連接盤有焊接好嗎？連接部分是否有焊料結塊（參照第27頁）的情形？附近是否短路？是否因為焊渣導致短路？連細微之處都要仔細查看。

至於不易查看的部分，就用放大鏡仔細確認。看起來焊料結塊的地方，就再拿烙鐵碰觸仔細焊接。焊錫過度堆積容易焊料結塊的部分，就先用吸錫線除去後再焊接。

做了這些事仍無法解決時，就可能是零件故障。再一次仔細檢查零件面吧！零件是否有燒焦的地方？或者有變色的地方？假如有的話，就要更換零件。

質疑原本的迴路圖與配線圖

這樣也無法改善時，就再次確認迴路圖與配線圖。或許迴路圖與配線圖有誤，例如，循著迴路圖的線路，或許會在配線圖上發現斷開或連上的部分。這時能採取的辦法，如果你是看書就去問出版社，若是參考網路就去詢問技術支援部門。若是自己的獨創設計，就再次確認設計內容，這時也千萬不要「自以為是」。

確認哪邊不對，並找出原因。例如，打開電源應該會閃爍的LED，如果一直亮著，電源部分倒是沒問題，可是閃爍的部分卻不正常。另外，LED完全不亮時，或許原因出在電源部分。使用測試儀，查看電流通到哪裡，跟著電流就能找到故障的地方（參照第116頁）。

更專業的故障排除

像收音機等裝置更加複雜，所以調查時需要一定程度的熟練度。例如沒有發出聲音時，可能是喇叭、放大器的部分有問題，或者是天線等接收部分有問題，找出原因是很困難的一件事。

另外，關於雜音很大等問題也一樣。放大器部分可能引起不必要的振盪，或是一開始電波狀態就不佳，或者是接收到電腦等機器所發出的高頻雜訊。

問題的原因千奇百怪，通常仔細調查就能發現，不要放棄，冷靜地面對吧！

測試儀的用法

自己設計的電子勞作沒有順利啟動，這時測試儀能解決你的煩惱。應該連接的部分是否有接好、是否有多餘的接觸等，它可以用來調查連接狀態，也能測量電壓、電流、電阻值等，還可以確認零件與迴路。若是功能較多的類型，還能測量電晶體的增幅率與頻率等，依照用法它將是強大的夥伴。最近數位型測試儀成為主流，不過傳統的測試儀仍然很有用處。

電流的測量方法

刻度盤對準電流（A）。電流的刻度盤有多個時，從較高者開始測量。電流是測量流經這個部分的電流值，所以要將端子碰觸測試儀使電流通過。例如，要測量流經燈泡迴路的電流時，燈泡要以串聯方式連接。

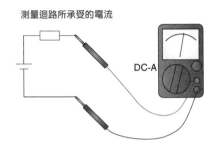

測量迴路所承受的電流

電壓的測量方法

首先讓刻度盤（範圍）對準電壓（V）。有數個電壓的範圍時，從較高者開始測量。電壓是測量正電與負電的高低差，所以要在正極與負極接觸端子（探針）來測量。例如，測量燈泡承受的電壓時，燈泡要以並聯方式連接。

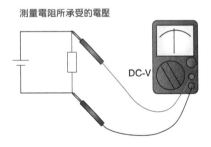

測量電阻所承受的電壓

電阻值的測量方法

刻度盤對準電阻（Ω）。電阻的刻度盤有多個時，從較高者開始測量。測量電阻器時，直接將端子碰觸想測量的地方。此外，調查焊接等連接是否妥當時也能派上用場。這時要讓端子碰觸電路板的連接盤或配線，調查有無電阻值。

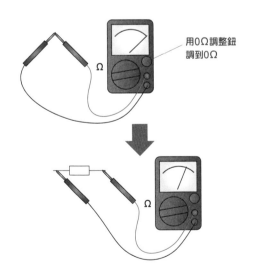

用0Ω調整鈕調到0Ω

第 5 章

設計迴路

能夠從迴路圖與配線圖

製作裝置後，

就會開始想要

自己專屬的獨創裝置。

在此將根據實例，

介紹從既有的勞作改造

到獨創勞作的設計。

思考獨創勞作之前

從零開始的設計風險很高

能製作一定程度的電子勞作之後，就會覺得「有這種裝置一定很有趣」、「可以這樣應用嗎？」開始想做加了自己一番工夫的作品。這時，完全從零開始設計可能滿困難的。

當然，「總之先試試看吧！」這種挑戰精神非常重要。然而要是弄錯設計與做法，不僅零件會損壞，還可能因為發燙或爆炸造成受傷，如果規模太大，甚至可能引起火災，所以實在不建議大家輕易挑戰製作獨創作品。

一開始先使用曾經製作過，確認能驅動的裝置，從應用在其他地方開始著手。即使只是LED閃亮發光的裝置，應用這些光也能達成截然不同的呈現方式。例如，裝在電路板上的LED，若是改用乙烯樹脂電線連接，就能把燈設置在與電路板隔開的地方。另外，製作幾個相同的裝置，把燈設置在樹上，就能完成燈樹。

其次，如果想改變迴路的性能，例如稍微改變發光方式，想要更快、或者更慢地閃爍等，就重新檢視迴路，並且加以改造。

但是，這時直接改造電路板有時會失敗。不過，失敗本身並非壞事。盡量失敗，並從中學習吧！透過失敗，通常就能理解機制。並且，若能掌握失敗的原因，技能就會更加提升，所以我反而建議大家多多經歷失敗。然而如同前述，為避免受傷或引發意外，一定要特別注意安全。

改造的建議

在此先解說迴路的改造重點。看看既有的迴路圖，找出功能呈現的部分。

例如LED或喇叭等，這部分是輸出的地方。那電源在哪裡呢？從電源到輸出，使用了哪些零件呢？仔細看看這個地方。即使一開始不太能理解，但等習慣看迴路圖之後，就能想像這是怎樣的迴路。

這裡如果在輸出部分使用電晶體等，那麼輸入部分，或者附近可能就會有電阻器。如果改造

這裡，就能變更輸出的大小，若是感測器就能調節感應度。若是使用電容器的振盪迴路，藉由改造電容器或電阻器的部分，就能變更振盪頻率。但是，隨便變更造成太大的電流通過會使零件損壞，所以要小心謹慎。

有時太過複雜，或者零件數目太多，就很難解讀迴路。此外，如果使用專用IC，就無法改造成想像中的功能。

改造電路板的注意事項

改造電路板必須更換零件，或重新焊接不同的零件。但是，好不容易辛苦焊接好的電路板，先別拿起烙鐵把零件拆下。這裡也隱藏著失敗的原因。

尤其像萬用電路板，與零件連接的連接盤由於焊接加熱，與電路板素材的接合就會變弱。因此，再度加熱加上拔掉零件所要承受的外力，通常會輕易地脫落。尤其用蠻力拆下的話，即使不用烙鐵碰觸也會脫落。

雖說就算沒有連接盤，端子彼此只要維持能通電的連接狀態即可，不過電路板還具有固定零件的作用，搖搖晃晃的零件會產生不必要的接觸。實際上的連接狀態到底是如何，最好抱著會失敗的心理準備多多嘗試。

另外，在此還有一個問題是，電子零件其實不耐熱。藉由焊接的連接方式常會讓人不這麼認為，但若過度加熱是會使零件內部損壞的。不同零件在數據表會記載指定「○○℃、○秒」，所以請確認一下。千萬小心別胡亂加熱。

製作獨創勞作的過程

設計作品的全貌

製作獨創的電子勞作作品時，不妨按照以下的流程思考。

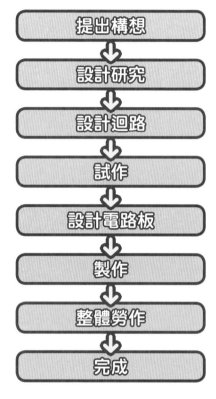

首先，加強想製作的裝置的形象。話雖如此，不能直接打造夢幻般、非現實的裝置。具體而言，想以何種形式製作獨創的勞作，必須依循從想法到勞作的過程。至於實例，將舉出作者在《兒童的科學》雜誌的連載，為了〈袖珍電器〉系列所設計的「中暑警報器」這個作品，而且還會穿插思考過程進行介紹。

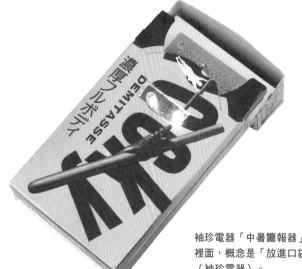

袖珍電器「中暑警報器」的完成圖。收進點心盒裡面，概念是「放進口袋隨身攜帶的電子勞作」（袖珍電器）。

要製作哪種裝置呢……？
提出構想

會發光、會發出聲音、會動的，綜合這些要素的裝置，或是提升既有機器的性能，彌補過與不足的功能等，可以想出各種點子。但是，先別構思連接其他機器的裝置，而是思考單獨具有功能的裝置。

這時可以讓想像無限延展。例如就算只是LED發光的簡單裝置，也能變亮、調光、閃爍等，具有豐富變化的發光方式。另外，對某種東西有所反應而發光、藉由發光傳達某些訊息、利用光線控制某種東西、感知光線等，利用光線的裝置種類也是五花八門。此外，還有利用紅外線LED等不可見光的裝置，或是留下殘像或軌跡等對人類視覺發揮作用的裝置。

中暑警報器是《兒童的科學》的〈袖珍電器〉這個連載中的勞作，用小點心盒當作外盒正是主題之一。因為以兒童為對象，所以構造簡單，能輕易記住並動手做勞作，在月刊雜誌連載時由於正好是8月號的勞作，因此特別意識到季節感，於是我打算製作一種裝置，作為因應此時夏季中暑的對策。

中暑的發病條件與溫度和身體狀況有關。然而，身體狀況很難用感測器測量，所以只能將條件縮小為氣溫。

想像形狀、功能與呈現方式⋯⋯
設計研究

　　要做成哪種形式？如何使用？呈現出什麼？無論哪種勞作，都必須分解功能合乎邏輯地思考。

　　例如，打算製作手電筒時，想增加亮度是要增加LED的個數？還是使用超高輝度的Power LED？應該選擇何者呢？另外，要使用哪種尺寸呢？此外，要讓燈光閃爍、或是具有調光的功能嗎？諸如此類，在形狀、功能或用途方面有各種選項，都得一一決定。也必須依據這些來思考迴路。

　　像中暑警報器是使用能放入口袋這種大小的點心盒。思考如何把裝置放進盒子裡，於是決定縮小電路板，使用2個LED呈現。電路板設計完成後，就要思考電池的大小，去超市找大小適中的點心盒。這時我拿著電路板與電池盒在點心賣場徘徊，活像個可疑人物⋯⋯。

　　結果也將外觀納入考量，決定把「中暑警報器」放進「Pocky DEMITASSE」的盒子裡。我原本的設計想法是打開上面的盒蓋，抽出裝置，再測量溫度的用法（最後的形式則經過編輯部的調整，變成裝進盒子裡，然後在LED的部分打洞，藉此確認燈光）。

電子勞作最難的部分……
設計迴路

　　對於輸入要如何組裝迴路，才能得到要求的輸出呢？設計最快的捷徑是，參考具有同樣功能的既有迴路圖，嘗試挑出必要的部分。電子勞作的書籍、工具箱產品的迴路圖集也能當成參考。在網路上試著搜尋電子勞作的頁面也不錯。

　　憑這些方法找到的迴路圖，如果自己有頭緒：「這個部分是振盪迴路吧？」「是藉由這個功能驅動馬達嗎？」那就實際利用試驗板試試看吧！

　　這個時候，要是想像得到結果，把零件換成LED來進行嘗試也是個辦法。此外，如果有測試儀，就來測量這個部分的電流與電壓吧！

　　附帶一提，藉由振盪迴路讓LED發光時，雖然1Hz是1秒閃爍1次，不過0.1Hz是10秒1次，所以是否振盪，不容易在一瞬間明白。因此，確認時必須花點時間。

　　相反地，如果是100Hz，就會快到無法得知是否閃爍。這時揮一揮LED，或是拿鏡子反射光線，軌跡就會變成許多光點，便能知道光的閃爍。這個做法是非常簡單的確認方法。

　　不過要是1000Hz，用這個方法也很難分辨，所以要用能測量頻率的測試儀確認。

　　假如上述都能夠達成，就可以一邊想像零件的連接與電流一邊著手設計迴路。建議大家根據既有的迴路加以改編。

　　中暑警報器為了測量溫度，使用被稱為熱阻器的零件。它會依照溫度改變電阻值，算是可變電阻器。這裡使用的103AT表示在25℃電阻值為10kΩ，溫度變高電阻值就會提高，溫度變低電阻值就會下降。數據表的樣本資料是來自表（**5-1**）。

圖5-1

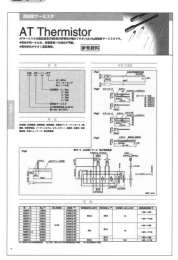

溫度（℃）	102AT	202AT	502AT	103AT	203AT
−50	24.46	55.66	154.6	329.5	1253
−40	14.43	32.34	88.91	188.5	642.0
−30	8.834	19.48	52.87	111.3	342.5
−20	5.594	12.11	32.44	67.77	190.0
−10	3.651	7.763	20.48	42.47	109.1
0	2.449	5.114	13.29	27.28	64.88
10	1.684	3.454	8.840	17.96	39.71
20	1.184	2.387	6.013	12.09	24.96
25	1.000	2.000	5.000	10.00	20.00
30	0.8486	1.684	4.179	8.313	16.12
40	0.6189	1.211	2.961	5.827	10.65
50	0.4587	0.8854	2.137	4.160	7.181
60	0.3446	0.6587	1.567	3.020	4.943
70	0.2622	0.4975	1.168	2.228	3.464
80	0.1999	0.3807	0.8835	1.668	2.468
85	0.1751	0.3346	0.7722	1.451	2.096
90	0.1536	0.2949	0.6771	1.266	1.788
100			0.5265	0.9731	1.315
110			0.4128	0.7576	0.9807
B$_{常數}$	3100K	3182K	3324K	3435K	4013K

單位：kΩ

那麼，如果想藉由電晶體判斷那該怎麼做呢？請先回想起矽電晶體是藉由約0.6V驅動，如此不就可以利用「分壓」的方法來判斷嗎？

另外，這裡要如何分成25℃和30℃這2個界線，才會做出預料中的動作呢？該如何利用分壓，在這個勞作中是一大重點。嘗試各種組合，如**5-2**將電阻器以串聯方式連接。

圖5-2

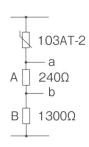

A的電阻值為240Ω，B的電阻值為1300Ω，藉由熱阻器的溫度變化改變電阻值後，迴路圖中a、b部分的分壓狀況便如表格。

	熱阻器	A	B	a	b
20℃	12090Ω	240Ω	1300Ω	0.50V	0.43V
25℃	10000Ω	240Ω	1300Ω	0.60V	0.51V
30℃	8313Ω	240Ω	1300Ω	0.70V	0.59V

沒有升到25℃的話不會有任何變化，達到25℃時藍色LED會點亮，30℃時紅色LED會點亮，若能如此簡單地呈現，電晶體的輸出就能直接用來點亮LED。

中暑警報器迴路圖

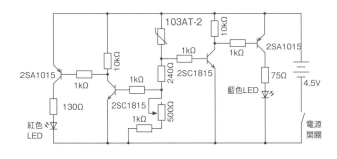

熱阻器也是用於電子體溫計的零件，是電阻值會依照溫度而改變的電子零件。這裡使用的石塚電子的103AT在25℃時電阻值為10kΩ，溫度下降時電阻值會變高，溫度上升時電阻值會下降。將電阻器以串聯方式連接，以各自電阻值計算出的比率來利用分壓的原理。藉由電晶體的開關作用使LED發光。具體而言是讓迴路圖的103AT與240Ω、500Ω的可變電阻器、1kΩ的電阻器分別藉由分壓的電壓差使LED發光，結果依照熱阻器所感知的電阻值就能測量溫度。

利用試驗板試作

　　迴路圖畫好後湊齊零件，就利用試驗板試作。沒有剪掉端子直接插入試驗板，可能會因為過長，而引起不必要的接觸，這點須注意。

　　和迴路圖相同，上方橫列為正極、下方橫列為負極，如此將電池盒的導線配線，而實際的連接要在最後進行。或者，即使先連接也要在最後才放電池。而這麼做的理由則是，若是配線接錯時有電流通過，會使零件損壞。為防止這點須確認配線，並且在最後才通電。

　　此外，利用試驗板試作時，當然要避免正極與負極直接連接的短路迴路、各零件承受耐壓以上的電壓、流經過大的電流（過電流）等，與零件性能有關的危險行為。尤其隨著零件變多，試驗板上的跳線等錯綜複雜，不知不覺形成短路迴路，或是讓零件承受負載而產生接觸。在連接電源之前，一定要充分確認。

　　另外，偶爾在試驗板上會無法正確地配線。這是因為就試驗板的構造，內部金屬隔著零件端子連接（**5-3**）。因此，跑進內部的細小灰塵若妨礙接觸，或是因為接觸面積縮小，使得只有這個部分提高了電阻值都會導致錯誤。換句話說，在試驗板內引起接觸不良，只要變更使用的孔洞，或是換新的試驗板就能解決。此外，焊接在電路板上有時就能順利啟動裝置。正因是能輕易製作迴路的試驗板，所以有些事情必須注意。

圖5-3

試驗板斷面

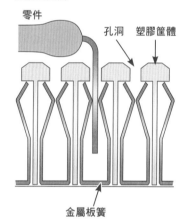

零件端子插入孔洞後，板簧就會撐開，夾住端子完成接觸。端子與板簧之間若有灰塵就會妨礙接觸。

中暑警報器試驗板圖

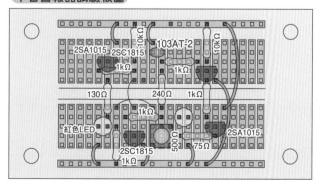

在試驗板組裝完迴路後,就接上電源確認吧!如果有必要,也可以更換零件。先啟動一下,確認有無發燙的零件或是異常,如此試作便結束。確認動作後再重新檢視設計,並且整理,接下來終於要進入電路板設計。

試作中暑警報器時,可使用可變電阻器代替熱阻器,旋轉旋鈕確認分壓部分的設計是否正確。然後,將可變電阻器換成熱阻器,用手指捏住,或貼近冰涼的物體,改變溫度進行測試,確認是否順利啟動。

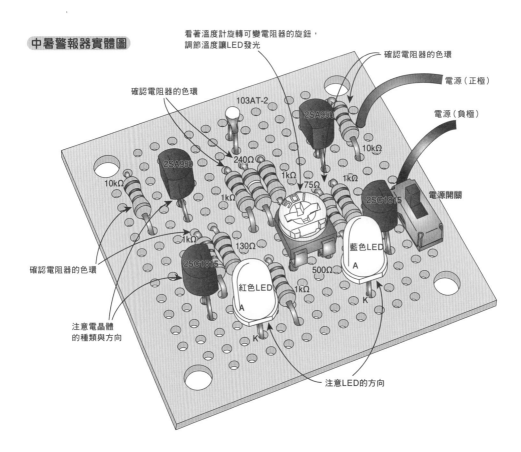

中暑警報器實體圖

看著溫度計旋轉可變電阻器的旋鈕,
調節溫度讓LED發光

確認電阻器的色環

確認電阻器的色環

電源(正極)

電源(負極)

103AT-2

2SA950

10kΩ

2SA950

240Ω

1kΩ

75Ω

1kΩ

2SC1815

電源開關

10kΩ

1kΩ

1kΩ

130Ω

藍色LED
A

確認電阻器的色環

2SC1815

500Ω

紅色LED
A

1kΩ

注意電晶體
的種類與方向

K

K

注意LED的方向

終於要設計電路板

　　確認零件的連接方法與迴路後，接著要設計電路板。一開始先使用方格紙描繪吧！按照迴路圖，上面畫出從電源到正極的線，下面畫出負極的線。如果知道中間能配置多少零件，就留下大片空白，從上下其中一邊開始畫起。在過程中，盡量配合迴路圖配置。

　　首先正確地配置所有該連接的地方。不過，當然不可能這麼順利。

　　比方說，電晶體在記號中端子是往3個方向突出，不過實際上是排成一列。若是2SC1815，射極當成負極朝下時，基極就會朝上。這個時候該怎麼做呢？這和集極有負載時負載在右側，基極朝向左側配線的迴路圖相似。

　　使用常用的寬2.54mm、有孔洞的萬用電路板時，如果電阻器為1／4W，大概要保留5個洞。

　　另外，雖然陶瓷電容器也得看使用的種類，不過通常會保留3個洞。進行配置時，要留意這幾個重點。

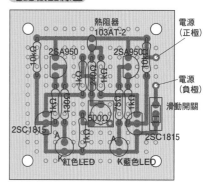

電路板配線圖

零件面

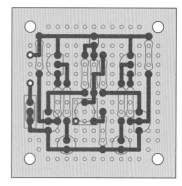

焊接面

實際設計電路板是使用電腦的繪圖軟體，像是移動零件的位置、恢復原狀等，要在畫面上反覆操作思考。

　　一邊確認連接一邊配置，然後將配置簡化，就不容易出錯。不過，假如整體設計已經決定好了，就必須思考電路板的大小和零件的配置。簡化的作業就像是「把這個零件配置在這裡，那這裡能不能配線？」，彷彿解謎一般十分有趣。

　　另外，即使覺得能做好，做勞作時手指搆不到、螺絲鎖不緊等，實際動手可能會失敗，雖然有趣但是很費心思。使用鉛筆和橡皮擦，多畫幾次直到滿意為止吧！

　　像LED等輸出零件的配置也與整體設計有關，所以一定會出現很難連接的地方。這時要使用跳線。

　　雖然一般是用鍍錫線，不過連接較遠的位置時要用乙烯樹脂電線，有時候配置還得穿過零件的縫隙。但是，連接部分少一點，能降低配線接錯等失敗的機率，所以除了必要的部分應該極力避免。

電路板圖

零件面

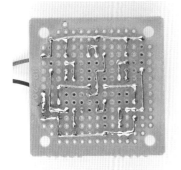

焊接面

最後，要再次確認配線有無接錯。

按照設計動手……製作

能夠設計電路板之後，就要仔細確認內容。實際購買的電阻器有點大，或是可變電阻器的端子排列為直線等，假如和實際有出入，就重新檢視吧！重新檢視零件或設計，須思考設計與用途反覆研究。

其次，接著要使用萬用電路板，並且焊接裝配。完成後，仔細確認有無錯誤之後再接上電源。如果能發揮預期中的功能，電路板便完成了。

裝進盒子完成……
整體勞作

最後，用厚紙板或壓克力等素材製作筐體（收納機器的盒子）完成（參照第152頁）。

像「中暑警報器」是裝進點心盒，所以用厚紙板製作底部，將電路板與電池盒用雙面膠貼住（**5-4**）。這樣就能裝進漂亮的盒子裡。接下來在盒子上打洞，能看到顯示用的LED便完成。作者也把它當成體驗工坊的勞作教材，重新思考零件配置，做成印刷電路板（**5-5**）讓孩子們體驗電子勞作。

此外在本書第150頁，同樣以中暑為主題，發展成使用微電腦設計程式追求高精度。從1個主題開始，能在各個階段進行改造與擴展，也是電子勞作的樂趣之一。

圖5-5

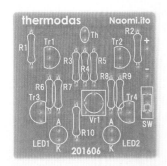

中暑警報器的印刷電路板。做法請參照第130頁。

圖5-4

為了能看見LED
而打洞

Pocky DEMITASSE
的盒子（在盒子上
下點工夫）

直接裝進盒子裡面

3號電池×3顆

電池盒用雙面膠貼住

用厚紙板製作底部

電路板用厚雙面膠貼住

完成！

500Ω的半固定電阻器設為中間值約250Ω
的情況下，氣溫25℃以上時藍色LED會點
亮。超過30℃時紅色LED會點亮。紅燈亮起
時就得小心中暑。

25℃以上

30℃以上

24℃以下

挑戰印刷電路板

只要利用蝕刻這種手法，就能自己製作印刷電路板。會做這個之後，自己就能設計如何配置零件。

○設計電路板

思考零件的大小與完成的形狀，按照迴路圖設計電路板。如果已經有印刷線路圖，不妨直接使用。

○原圖

會設計之後，就謄在電路板的銅箔面。為避免必要部分熔解，要用專用的防染筆做遮蔽。另外，感光電路板要照射光線感光，並製作膠膜。事先用描圖紙製作設計好的電路板，然後複寫顯像，製作膠膜。

○蝕刻

用藥品將不需要的銅溶解。在塑膠盤倒入蝕刻液，浸泡電路板，約5～20分鐘就能溶解未遮蔽的部分。用衛生筷不時攪動，化學反應會稍微變快。使用蝕刻液時必須很小心。仔細閱讀注意事項，使用後的蝕刻液一定要妥善處理。

○後處理

蝕刻完成後，用水沖洗乾淨，使用專用的溶劑將遮蔽去除。雖然也能直接使用，不過用助熔劑（使焊接更容易的藥品）或阻焊劑（透明綠色的塗劑）進行處理更加萬無一失。

至於打洞，若是一般零件的針腳，就使用0.8～1mm的鑽孔機。

○確認

確認和隔壁的連接盤是否並未連接。即使有相連的部分，小地方可以用美工刀切掉。

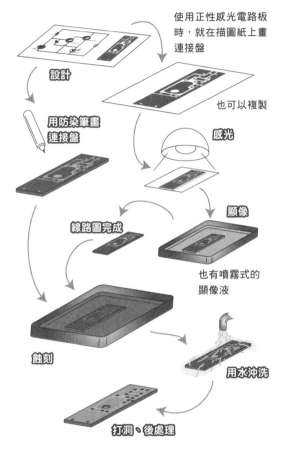

設計

使用正性感光電路板時，就在描圖紙上畫連接盤

也可以複製

用防染筆畫連接盤

感光

顯像

線路圖完成

也有噴霧式的顯像液

蝕刻

用水沖洗

打洞、後處理

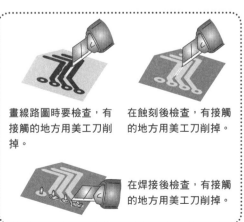

畫線路圖時要檢查，有接觸的地方用美工刀削掉。

在蝕刻後檢查，有接觸的地方用美工刀削掉。

在焊接後檢查，有接觸的地方用美工刀削掉。

第6章

使用微電腦

喜愛電子勞作的人數
增加的最大理由大概是
容易上手的微電腦普及。
其中「樹莓派」與「Arduino」
特別受到歡迎，
本章將介紹利用這兩者
擴充電子勞作的基本做法。

微電腦與電子勞作

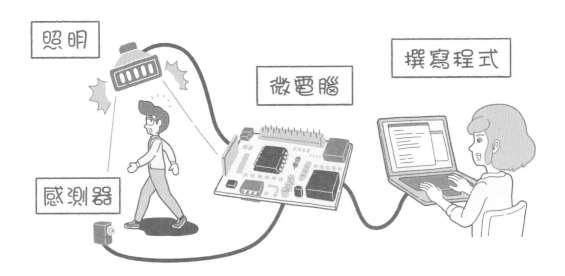

照明

微電腦

撰寫程式

感測器

藉由程式設計
可以實現複雜的操控！

　　將小小的微電腦與電子勞作連結起來，就能讓勞作的樂趣加倍。微電腦本身也是電子零件的集合體，不過藉由程式設計可以實現各種功能。例如讓LED閃爍、對光感測器有反應、也可以在光線變暗時讓LED自動點亮。這些透過電子勞作當然也能做到，不過編寫程式可以操控更複雜的動作。

　　讓我們來思考利用光感測器控制照明的亮度。光感測器感知到周遭變暗時，照明便會點亮，到這裡透過簡單的電子勞作也能辦到。點亮時如果有人移動，光感測器會感知到些微的變化。光感測器如果暫時沒感知到任何變化，就會判斷人已經走了，於是自動將照明調暗一些，再隔一會兒光感測器若沒感知到任何變化，就會關掉照明。如果要藉

由電子勞作製作這種裝置，迴路就會相當複雜。

　　透過程式設計，可事先記錄光感測器輸入的值與照明輸出的值，藉此能設計出控制的機制。例如，在燈熄滅前以「燈要熄滅囉」的意思閃爍幾次，或響起蜂鳴器，藉由連接的機器可以實現各種功能。

　　了解微電腦的用法後，電子勞作的世界將更加遼闊。

微電腦是什麼？

　　「樹莓派（Raspberry Pi）」與「Arduino」等單板小型電腦的總稱，在此稱之為微電腦。以前提到電腦，會想到巨大的計算機，在機架裡有磁帶旋轉，不過這是幾十年前的事了。當時能放在桌上的小台電腦叫做micro computer，中文是微電腦。不知不覺間，就變成了適用於個人的personal computer，中文是「個人電腦」。現在的微電腦變得更小，可以單手拿取，可見技術的發展有多麼驚人。

　　本書舉出了微電腦之中最多人使用的樹莓派與Arduino。當然，其他還有各種微電腦，不過詳情請參考其他專業書籍。像物理計算、穿戴式裝置與IoT（Internet of Things，物聯網）變得盛行，今後想必也會繼續開發出變化豐富的微電腦，可以控制各種外部的輸入及輸出。

　　因為微電腦各具特色，不妨按照用途挑選，或詳細調查功能，徹底使用微電腦吧！

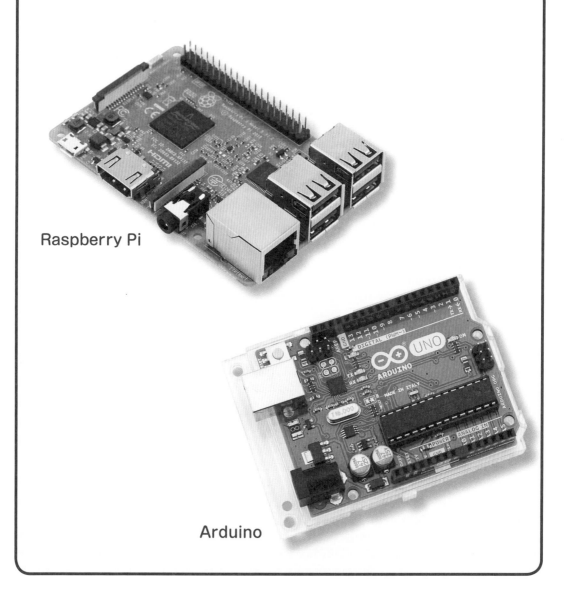

Raspberry Pi

Arduino

樹莓派是什麼？

使用Scratch程式進行程式設計

樹莓派可以設定「**Linux**」這種**作業系統**，還能在螢幕顯示或是用鍵盤、滑鼠輸入，算是能像Windows或Mac那樣操作的小型電腦。

在《兒童的科學》雜誌中以「自己專用電腦」（**6-1**）的名稱，成套販售顯示器、鍵盤、滑鼠、micro SD卡、電線類等。

此外，由於具備外部輸入輸出端子，所以也能搭配電子勞作使用。尤其安裝「**Scratch程式**」（**6-2**）這種堆積木風格的圖形化程式語言之後，即使缺乏程式設計的專業知識，也能非常方便地控制外部輸入輸出（「自己專用電腦」的勞作材料中附有micro SD卡，事先安裝了Scratch程式等所需軟體，非常方便）。我們趕緊在這裡使用吧！

圖6-1

「KoKa自己專用電腦套組」在兒童的科學的商品銷售網站「KoKa Shop!」販售中。

圖6-2 Scratch程式

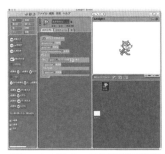

「Scratch程式」是麻省理工學院媒體實驗室所開發的教育用程式設計工具，可以免費使用，由於可以在瀏覽器上面設計程式而推廣到全世界。在樹莓派專用作業系統「Raspbian」之中是標準配備。

樹莓派的GPIO

　　樹莓派為了連接外部機器，除了USB等既有的介面，還配備**GPIO**這種端子（**6-3**）。這是排在電路板上的40根針型端子，除了電源以外，可以輸入輸出的GPIO端子有27個。利用GPIO，不僅能啟動自己製作的電子勞作，還可以從感測器輸入，因此能夠藉由程式做出複雜的操控。

GPIO

General Purpose Input/Output的簡稱。意思是「通用型輸入輸出」，為了與外部進行輸入輸出，主機板上所設置的接腳等端子。

圖6-3
GPIO

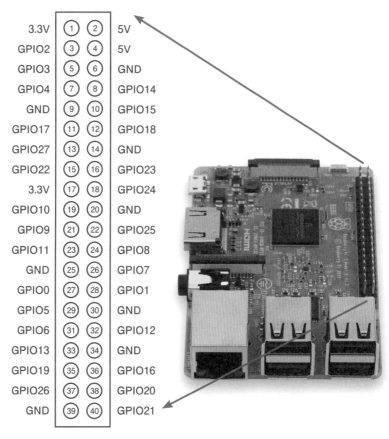

3.3V	①	②	5V
GPIO2	③	④	5V
GPIO3	⑤	⑥	GND
GPIO4	⑦	⑧	GPIO14
GND	⑨	⑩	GPIO15
GPIO17	⑪	⑫	GPIO18
GPIO27	⑬	⑭	GND
GPIO22	⑮	⑯	GPIO23
3.3V	⑰	⑱	GPIO24
GPIO10	⑲	⑳	GND
GPIO9	㉑	㉒	GPIO25
GPIO11	㉓	㉔	GPIO8
GND	㉕	㉖	GPIO7
GPIO0	㉗	㉘	GPIO1
GPIO5	㉙	㉚	GND
GPIO6	㉛	㉜	GPIO12
GPIO13	㉝	㉞	GND
GPIO19	㉟	㊱	GPIO16
GPIO26	㊲	㊳	GPIO20
GND	㊴	㊵	GPIO21

※ ◯裡的數字是端子號碼。端子號碼與GPIO的號碼並不一樣，這點要注意。
利用Scratch程式撰寫程式時，要使用GPIO的號碼。

利用樹莓派讓LED發光

圖6-4

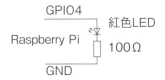

先體驗程式設計

　　GPIO接上LED，讓它發光吧！首先，如**6-4**將紅色LED與100Ω的電阻器串聯，然後將GPIO4的端子與GND端子連接。

　　從樹莓派的GPIO輸出的訊號為3.3V16mA。若是紅色LED，便是2V20mA，所以電阻器承受1.3V，流經迴路的電流假設是16mA，則1.3V／0.016A=81.25Ω，需要81.25Ω的電阻器。因此使用大一點的100Ω電阻器。

　　就算進行到這個程度，LED也還不會發光。如果不編寫程式輸出到GPIO4，電子訊號就不會流向GPIO4。要利用

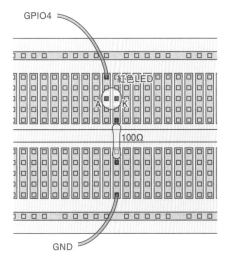

3.3V	① ②	5V
GPIO2	③ ④	5V
GPIO3	⑤ ⑥	GND
GPIO4	⑦ ⑧	GPIO14
GND	⑨ ⑩	GPIO15
GPIO17	⑪ ⑫	GPIO18
GPIO27	⑬ ⑭	GND
GPIO22	⑮ ⑯	GPIO23
3.3V	⑰ ⑱	GPIO24
GPIO10	⑲ ⑳	GND
GPIO9	㉑ ㉒	GPIO25
GPIO11	㉓ ㉔	GPIO8
GND	㉕ ㉖	GPIO7
GPIO0	㉗ ㉘	GPIO1
GPIO5	㉙ ㉚	GND
GPIO6	㉛ ㉜	GPIO12
GPIO13	㉝ ㉞	GND
GPIO19	㉟ ㊱	GPIO16
GPIO26	㊲ ㊳	GPIO20
GND	㊴ ㊵	GPIO21

圖6-5

```
精靈1被點選時          ← 啟動點選精靈的暗號。
  送出 gpioserveron▼   ← 將GPIO的端子設定成可以使用。
  送出 gpio4out▼       ← 將GPIO4的端子設定為輸出。
  送出 gpio4on▼        ← 對GPIO4的端子輸出3.3V。
```

Scratch程式編寫程式輸出到GPIO。將積木
如**6-5**編組吧！這樣一來點選顯示在
Scratch程式畫面上的貓咪精靈（角色），
LED就會發光。但是，這樣只會一直發光。
因此要追加積木，讓LED發光1秒後就熄滅
（**6-6**）。

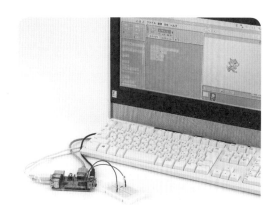

圖6-6

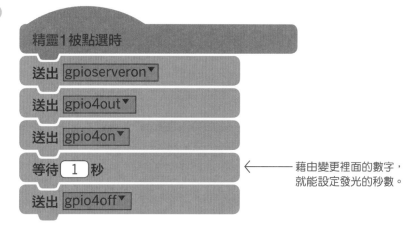

← 藉由變更裡面的數字，
就能設定發光的秒數。

使用藍色或白色LED時

迴路圖

藍色LED藉由外部電源點亮

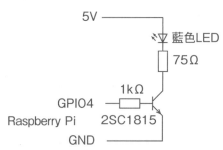

從樹莓派的GPIO頂多只能通過3.3V16mA
的電流，所以要讓3.5V20mA的白色或藍色LED
發光略顯不足。為了解決這個問題，要使用外部電
源，組裝驅動LED的迴路。如此一來就會順利發
光。在這裡若使用電晶體就會很方便。照著圖組裝
吧！Scratch程式維持不變，點選精靈後LED就
會發光1秒，然後熄滅。

利用樹莓派讓LED閃爍

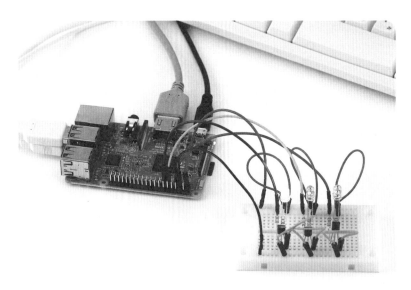

製作 紅黃藍綠色 LED的紅綠燈

分別控制多個LED時，對於各個LED要變更GPIO連接。試著設計程式來做出像交通號誌那樣，先亮綠燈，接著亮黃燈，然後亮紅燈的反覆作用的裝置吧（**6-7**）！實際的紅綠燈依照十字路口可能紅燈較久，或黃燈較短，因為有各種模式，所以必須設計程式控制亮燈時間。

迴路圖

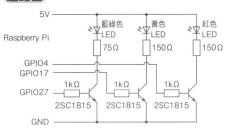

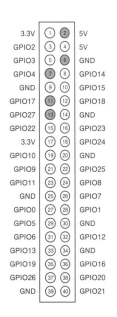

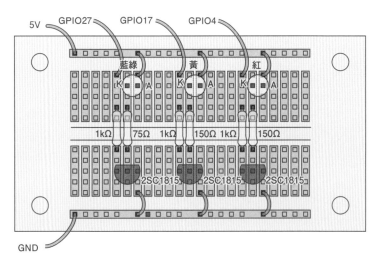

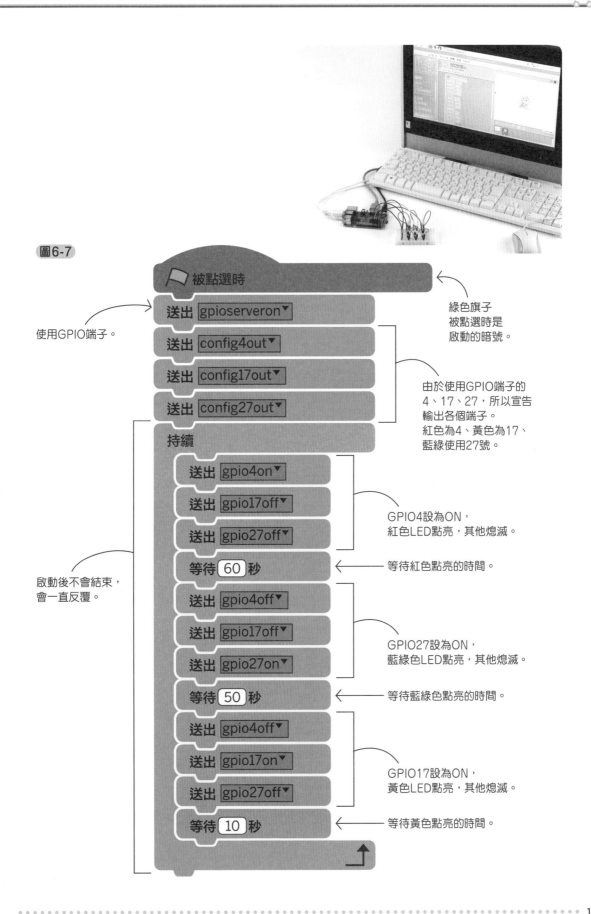

圖6-7

被點選時

使用GPIO端子。

送出 gpioserveron▼

綠色旗子
被點選時是
啟動的暗號。

送出 config4out▼

送出 config17out▼

送出 config27out▼

由於使用GPIO端子的
4、17、27，所以宣告
輸出各個端子。
紅色為4、黃色為17、
藍綠使用27號。

持續

送出 gpio4on▼

送出 gpio17off▼

送出 gpio27off▼

GPIO4設為ON，
紅色LED點亮，其他熄滅。

等待 60 秒

等待紅色點亮的時間。

啟動後不會結束，
會一直反覆。

送出 gpio4off▼

送出 gpio17off▼

送出 gpio27on▼

GPIO27設為ON，
藍綠色LED點亮，其他熄滅。

等待 50 秒

等待藍綠色點亮的時間。

送出 gpio4off▼

送出 gpio17on▼

送出 gpio27off▼

GPIO17設為ON，
黃色LED點亮，其他熄滅。

等待 10 秒

等待黃色點亮的時間。

經由樹莓派使用感測器

光線變暗後 LED就會點亮的 程式

GPIO接上感測器，讓它讀取狀態的變化，並控制機器。這裡使用光感測器的光電晶體，來讀取光線的狀態。不過，樹莓派的GPIO只能辨識數位輸入，所以只會判斷是明亮，還是黑暗。然而感測器是類比輸出，所以要先藉由電晶體的開關功能創造ON-OFF狀態，感光度調節則使用可變電阻器。

迴路圖

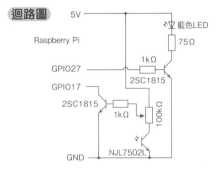

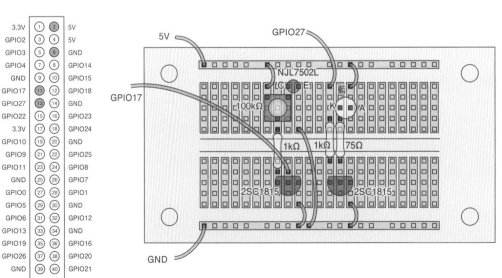

3.3V	①	②	5V
GPIO2	③	④	5V
GPIO3	⑤	⑥	GND
GPIO4	⑦	⑧	GPIO14
GND	⑨	⑩	GPIO15
GPIO17	⑪	⑫	GPIO18
GPIO27	⑬	⑭	GND
GPIO22	⑮	⑯	GPIO23
3.3V	⑰	⑱	GPIO24
GPIO10	⑲	⑳	GND
GPIO9	㉑	㉒	GPIO25
GPIO11	㉓	㉔	GPIO8
GND	㉕	㉖	GPIO7
GPIO0	㉗	㉘	GPIO1
GPIO5	㉙	㉚	GND
GPIO6	㉛	㉜	GPIO12
GPIO13	㉝	㉞	GND
GPIO19	㉟	㊱	GPIO16
GPIO26	㊲	㊳	GPIO20
GND	㊴	㊵	GPIO21

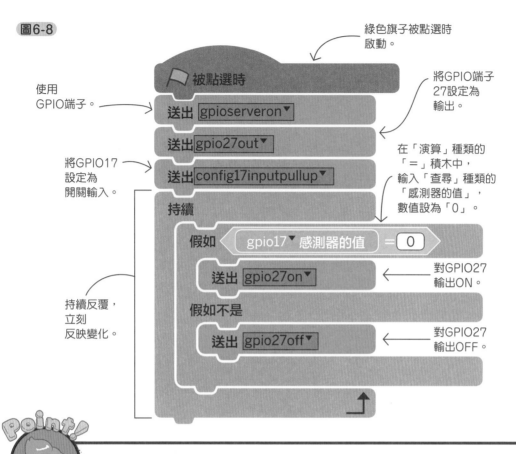

圖6-8

綠色旗子被點選時啟動。

被點選時

使用GPIO端子。 → 送出 gpioserveron ▼

將GPIO端子27設定為輸出。

送出 gpio27out ▼

將GPIO17設定為開關輸入。 → 送出 config17inputpullup ▼

在「演算」種類的「＝」積木中，輸入「查尋」種類的「感測器的值」，數值設為「0」。

持續

假如 gpio17 ▼ 感測器的值 ＝ 0

　　送出 gpio27on ▼ ← 對GPIO27輸出ON。

假如不是

　　送出 gpio27off ▼ ← 對GPIO27輸出OFF。

持續反覆，立刻反映變化。

上拉與下拉

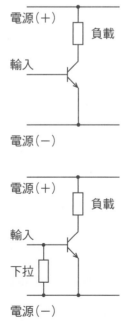

電源（＋）

負載

輸入

電源（－）

電源（＋）

負載

輸入

下拉

電源（－）

　　例如像左圖的迴路，藉由對電晶體基極輸入訊號，使負載流過電流。輸入部分未連接其他地方時，其實不清楚是正極或負極，電路是處於不穩定的狀態。若是正電壓驅動的電路，平時給予負電壓可讓信號更清楚。如下圖表示，在輸入加上電阻器，除了正電壓輸入以外的情況，基極都會接到負端，因此訊號很穩定。這被稱為「下拉電阻」。相反的，把基極連接到正極的，稱為「上拉電阻」。

　　Scratch程式可以事先設定，在6-8也會使用。

Arduino是什麼？

Arduino

具備數位、類比輸入輸出端子的微電腦。相對於利用輸入輸出端子對感測器輸入，可以輕易控制啟動LED或馬達。

Arduino IDE

Arduino專用的程式設計環境。在Arduino之中程式叫做sketch，將它編譯，上傳到本體都很簡單。

編譯

編寫程式後，為了能在電腦執行而轉換成機器語言。這就叫做編譯。

擴充板

能直接插入Arduino小型電路板的輸入輸出端子使用的外部裝置就叫做擴充板。有輸入型、輸出型等多種擴充板。

使用文本語言編寫程式

Arduino和電腦不同，是可以利用編寫的程式控制外部機器的單板微電腦。用其他電腦編寫程式，利用USB端子寫入Arduino的記憶體。雖然這叫做「上傳」，但是可以重複寫入，一旦寫入後從電腦拔掉就能單獨使用，對於小規模的系統建置非常方便。

雖然要使用專用程式設計環境**Arduino IDE**，不過**編譯**與錯誤顯示等方面淺顯易懂，易於操作是最大的特色。另外，Arduino系列的硬體在尺寸、形狀與功能等方面也有各種版本，稱為**擴充板**，用於外部輸入輸出的連接電路板也準備了許多種類，能用於各種用途。

本書使用「Arduino UNO」。
規格如下：
· 搭載微電腦：ATmega328
　（I-03142）
· 微電腦工作電壓：5V
· 電路板輸入電壓：7-12V
· 數位I／O Pins：14根
· PWM輸出可能Pins：6根
· 類比輸入Pins：6根
· 快閃記憶體：32 KB
· SRAM：2 KB
· EEPROM：1 KB
· 時鐘頻率：16MHz

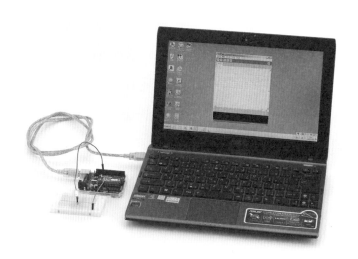

Arduino的輸入輸出端子

Arduino UNO並沒有像Windows或Mac那種GUI的作業系統，也不能連接鍵盤或螢幕輸出。外部機器的控制有專用數位輸入輸出端子14根、類比輸入端子6根，以插座的形式裝在電路板上。並且，這些功能各不相同，類比輸入、數位輸出等，都是由輸入輸出的接腳決定。程式是在其他電腦上編寫，經由上傳到Arduino就能當成控制機器使用。

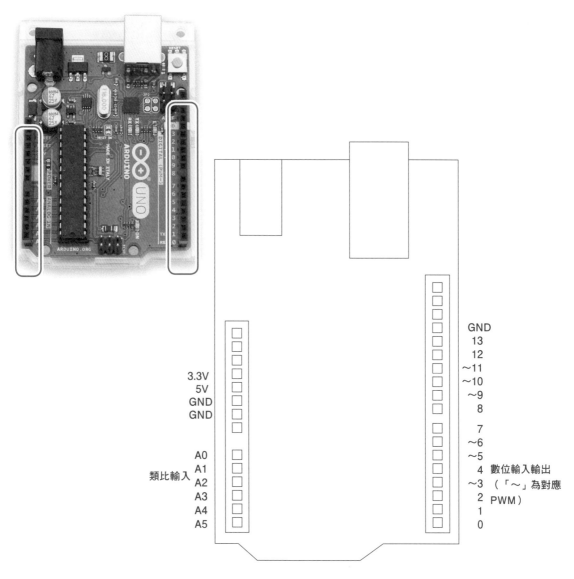

3.3V
5V
GND
GND

類比輸入
A0
A1
A2
A3
A4
A5

GND
13
12
~11
~10
~9
8

7
~6
~5
4　數位輸入輸出
~3　（「~」為對應
2　PWM）
1
0

※在電腦安裝Arduino IDE，先設定電路板。
Arduino IDE準備了多種試用程式，不妨多多
挑戰嘗試。

利用Arduino讓LED發光

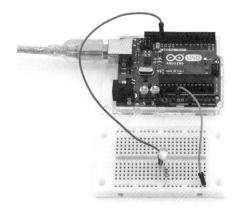

讓LED發光

首先,在輸入輸出端子接上LED讓它發光。如**6-8**將紅色LED與150Ω的電阻器串聯,接上輸入輸出端子的13號接腳和GND端子。

從Arduino的端子輸出的訊號為5V20mA。若是紅色LED則為2V20mA,電阻器承受3V,假設流經迴路的電流為20mA,則3V/0.02A=150Ω,所以需要150Ω的電阻器。

這樣的話LED還不會發光。如果不編寫程式輸出到13號接腳,電子訊號就不會流向13號接腳,所以LED不會發光。利用Arduino IDE編寫程式輸出到13號接腳吧(**6-9**)!在Arduino,這種程式稱為「sketch」。

圖6-8

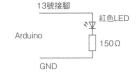

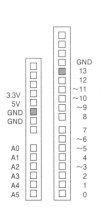

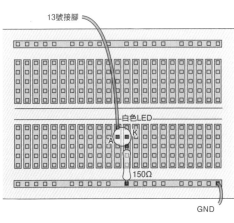

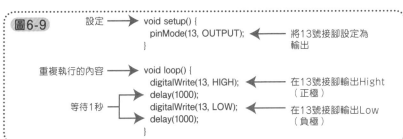

圖6-9

設定 →
```
void setup() {
    pinMode(13, OUTPUT);    ← 將13號接腳設定為輸出
}
```

重複執行的內容 →
```
void loop() {
    digitalWrite(13, HIGH);    ← 在13號接腳輸出Hight(正極)
    delay(1000);
    digitalWrite(13, LOW);     ← 在13號接腳輸出Low(負極)
    delay(1000);
}
```
等待1秒

讓LED輪流發光

接著，我們讓3個LED輪流發光。不過，能從Arduino輸出端子流出的電流有上限，所以像**6-10**這樣的配線，僅限編寫的程式為3個之中只有1個發光時（**6-11**）。

圖6-10

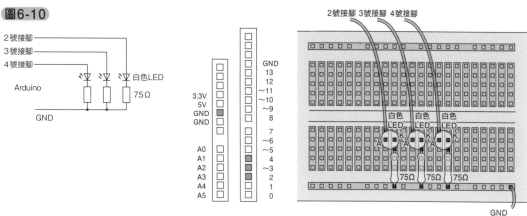

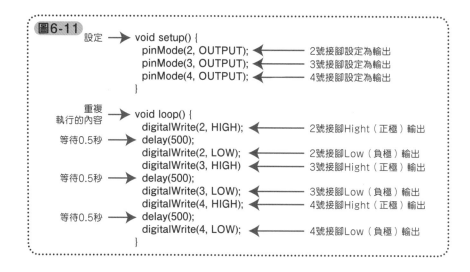

圖6-11

```
設定 ──→ void setup() {
            pinMode(2, OUTPUT);   ◄── 2號接腳設定為輸出
            pinMode(3, OUTPUT);   ◄── 3號接腳設定為輸出
            pinMode(4, OUTPUT);   ◄── 4號接腳設定為輸出
        }

重複 ──→ void loop() {
執行的內容
等待0.5秒 ──→ digitalWrite(2, HIGH);   ◄── 2號接腳Hight（正極）輸出
              delay(500);
              digitalWrite(2, LOW);    ◄── 2號接腳Low（負極）輸出
              digitalWrite(3, HIGH)    ◄── 3號接腳Hight（正極）輸出
等待0.5秒 ──→ delay(500);
              digitalWrite(3, LOW);    ◄── 3號接腳Low（負極）輸出
              digitalWrite(4, HIGH);   ◄── 4號接腳Hight（正極）輸出
等待0.5秒 ──→ delay(500);
              digitalWrite(4, LOW);    ◄── 4號接腳Low（負極）輸出
        }
```

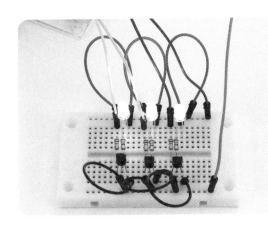

讓3個同時發光的程式

像**6-12**使用電晶體連接時,還可以同時讓3個LED發光。比方說,如**6-13**改寫sketch時,會依序增加點亮的LED,也會依序減少熄滅。

這裡使用的白色LED為3.5V20mA,所以電阻器承受1.5V,假設流經迴路的電流為20mA,則1.5V／0.02A＝75Ω,所以要使用75Ω的電阻器。

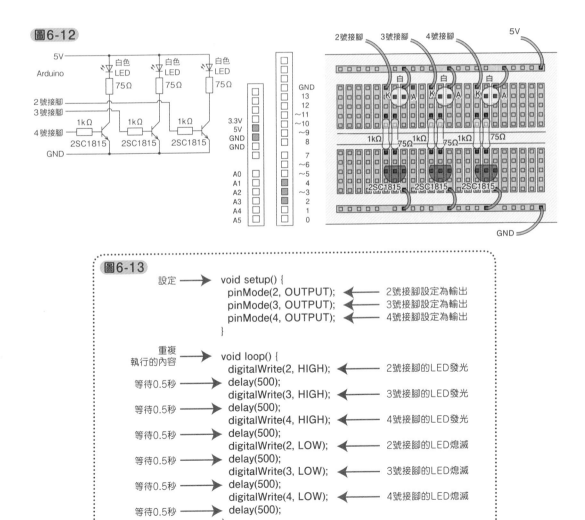

圖6-12

圖6-13

設定 →	void setup() {	
	pinMode(2, OUTPUT);	← 2號接腳設定為輸出
	pinMode(3, OUTPUT);	← 3號接腳設定為輸出
	pinMode(4, OUTPUT);	← 4號接腳設定為輸出
	}	
重複 執行的內容 →	void loop() {	
	digitalWrite(2, HIGH);	← 2號接腳的LED發光
等待0.5秒 →	delay(500);	
	digitalWrite(3, HIGH);	← 3號接腳的LED發光
等待0.5秒 →	delay(500);	
	digitalWrite(4, HIGH);	← 4號接腳的LED發光
等待0.5秒 →	delay(500);	
	digitalWrite(2, LOW);	← 2號接腳的LED熄滅
等待0.5秒 →	delay(500);	
	digitalWrite(3, LOW);	← 3號接腳的LED熄滅
等待0.5秒 →	delay(500);	
	digitalWrite(4, LOW);	← 4號接腳的LED熄滅
等待0.5秒 →	delay(500);	
	}	

高速閃爍的旋轉畫筒

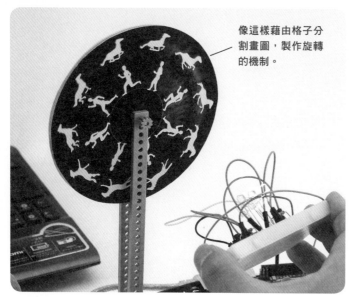

像這樣藉由格子分割畫圖，製作旋轉的機制。

Arduino的程式也會用到「delay();」，能在括號中指定時間。而時間設定為1000等於是1秒，也就是能以1毫秒的單位控制時間。例如，假設編寫的程式為LED發光1毫秒，熄滅99毫秒，便會完成1秒10次瞬間發光的閃光燈。在這個光源下旋轉畫圖的格子，便是簡易的動畫裝置。

迴路圖

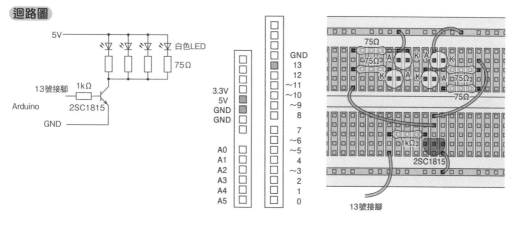

程式

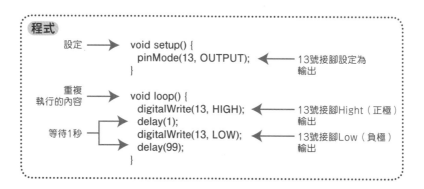

```
void setup() {
    pinMode(13, OUTPUT);
}

void loop() {
    digitalWrite(13, HIGH);
    delay(1);
    digitalWrite(13, LOW);
    delay(99);
}
```

設定 → 13號接腳設定為輸出

重複執行的內容 →

等待1秒 →

13號接腳Hight（正極）輸出

13號接腳Low（負極）輸出

利用PWM對LED調光

藉由類比式輸出控制

Arduino不僅能數位呈現LED的點亮與熄滅，還能做類比式輸出。這稱為脈寬調變（PWM，參照第61頁），而LED調光也能輕易地透過編寫程式執行。但是，能夠類比輸出的接腳號碼是固定的，就是電路板上的數字前有「～」的接腳。沿用第146頁的迴路，將13號接腳改成11號，並改寫程式吧（**6-14**）！

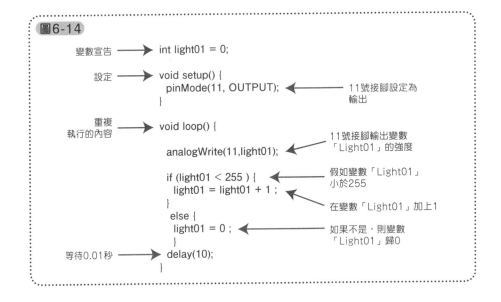

圖6-14

```
變數宣告  ───→  int light01 = 0;

設定  ───→  void setup() {
              pinMode(11, OUTPUT);  ←─── 11號接腳設定為
            }                           輸出

重複  ───→  void loop() {
執行的內容
              analogWrite(11,light01);  ←─── 11號接腳輸出變數
                                              「Light01」的強度

              if (light01 < 255 ) {  ←─── 假如變數「Light01」
                light01 = light01 + 1 ;       小於255
              }                      ←─── 在變數「Light01」加上1
               else {
                 light01 = 0 ;  ←─── 如果不是，則變數
               }                      「Light01」歸0
等待0.01秒 ───→  delay(10);
            }
```

利用變數，設定PWM的強度。這裡在「Light01」這項變數加上1，在數字變大的同時，也改變輸出的強度。PWM可以做256階段的分割，假如「Light01」是極限數字則歸0＝LED熄滅，而後重複上述過程。換句話說，LED會逐漸變亮，突然熄滅，然後又逐漸變亮，反覆進行。

藉由外部零件調整

使用可變電阻器藉由PWM調光的裝置（**6-15**）。在前面的迴路接上可變電阻器。中間端子連接類比輸入端子的A0號接腳，兩端的一邊連接電源正極，另一邊連接電源負極。

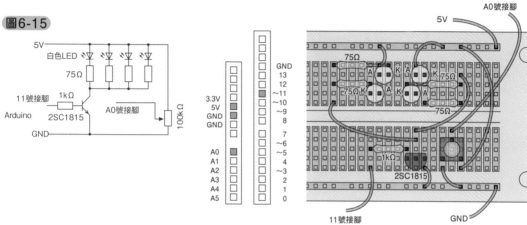

圖6-15

程式上的變數「sensor01」依照可變電阻器的旋鈕位置，可輸入0～1023等1024階段的數值（**6-16**）。PWM為256階段，這是用4除完的數字，要輸出到11號接腳。

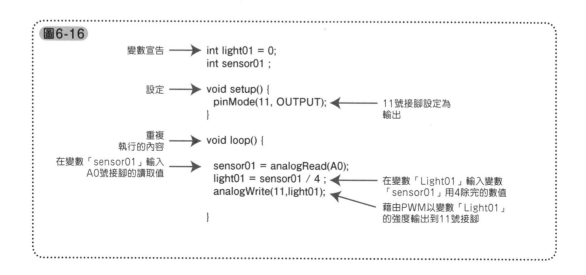

圖6-16

```
變數宣告 ──▶ int light01 = 0;
            int sensor01 ;

設定 ──▶ void setup() {
            pinMode(11, OUTPUT); ◀── 11號接腳設定為
         }                          輸出

重複
執行的內容 ──▶ void loop() {

在變數「sensor01」輸入 ──▶ sensor01 = analogRead(A0);
A0號接腳的讀取值         light01 = sensor01 / 4 ; ◀── 在變數「Light01」輸入變數
                        analogWrite(11,light01);      「sensor01」用4除完的數值

                                                  ◀── 藉由PWM以變數「Light01」
                     }                                的強度輸出到11號接腳
```

經由Arduino使用感測器

迴路圖

Arduino

紅色 LED　黃色 LED　藍色 LED

A0號接腳
2號接腳
3號接腳
4號接腳

150Ω　150Ω　75Ω　103AT-2　5V

1kΩ　1kΩ　1kΩ　10kΩ

2SC1815　2SC1815　2SC1815

GND

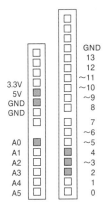

3.3V
5V
GND
GND

A0
A1
A2
A3
A4
A5

GND
13
12
~11
~10
~9
8

7
~6
~5
4
~3
2
1
0

中暑警報器的微電腦控制版

使用熱阻器製作簡單的溫度計吧！熱阻器是簡單的溫度感測器，溫度上升後電阻值

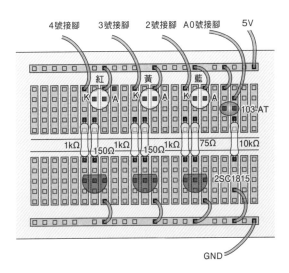

4號接腳　3號接腳　2號接腳　A0號接腳　5V

紅　黃　藍

K　A　K　A　K　A

103-AT

1kΩ　1kΩ　1kΩ　75Ω　10kΩ
150Ω　150Ω

2SC1815

GND

就會下降，藉此獲得電子訊號。這裡使用的103AT-2在25℃以10kΩ為基準，30℃約8.3kΩ，35℃約7kΩ，電阻值會逐漸下降。在第149頁的例子中，依據使用可變電阻器正電與負電的電阻值的比轉換成1024階段的數值，將10kΩ的固定電阻器以串聯方式連接，這裡則如下圖般採用類比輸入，則10kΩ÷（熱阻器的電阻值+10kΩ）×1024，藉由這個公式可求出數值。具體來說，在25℃的數值為511、在30℃約為560、在35℃約為600。

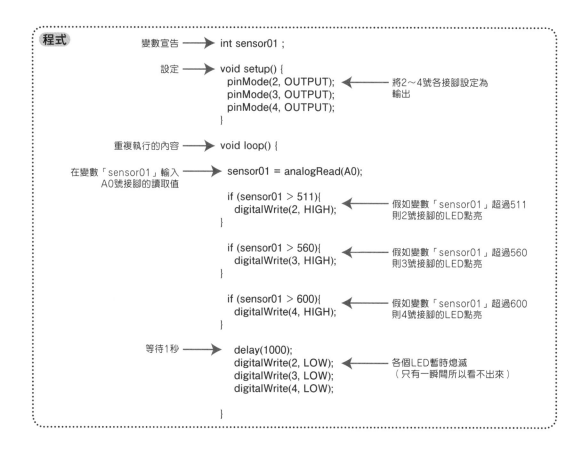

程式

變數宣告 →	`int sensor01 ;`

設定 →	`void setup() {`
	 `  pinMode(2, OUTPUT);` ← 將2～4號各接腳設定為輸出
	 `  pinMode(3, OUTPUT);`
	 `  pinMode(4, OUTPUT);`
	 `}`

重複執行的內容 →	`void loop() {`
在變數「sensor01」輸入A0號接腳的讀取值 →	`sensor01 = analogRead(A0);`

	`if (sensor01 > 511){` ← 假如變數「sensor01」超過511則2號接腳的LED點亮
	 `  digitalWrite(2, HIGH);`
	 `}`

	`if (sensor01 > 560){` ← 假如變數「sensor01」超過560則3號接腳的LED點亮
	 `  digitalWrite(3, HIGH);`
	 `}`

	`if (sensor01 > 600){` ← 假如變數「sensor01」超過600則4號接腳的LED點亮
	 `  digitalWrite(4, HIGH);`
	 `}`

等待1秒 →	`delay(1000);`
	 `digitalWrite(2, LOW);` ← 各個LED暫時熄滅（只有一瞬間所以看不出來）
	 `digitalWrite(3, LOW);`
	 `digitalWrite(4, LOW);`
	 `}`

製作外盒的訣竅

提到電子勞作，雖是使用電子零件組裝具有功能的迴路，不過如何使用製作的作品，也是應該思考的一項重要要素。因此，配合用途的設計也很重要，例如是要能夠隨身攜帶的收音機？還是家用型收音機？這將會使勞作的形狀、尺寸和使用素材大為不同。

如果學會材料的知識與加工技術，不只電子勞作，也能應用在各種勞作上。在此舉出幾種材料，並且主要將介紹電子勞作外盒與筐體的加工。

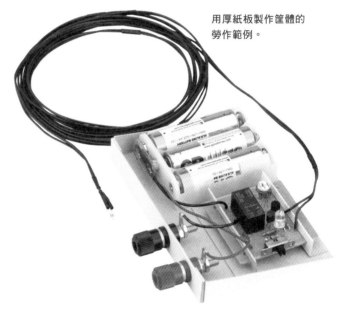

用厚紙板製作筐體的勞作範例。

○厚紙板、瓦楞紙

身邊容易加工的材料。可以用剪刀或美工刀切割或剪開，用漿糊等黏著劑、雙面膠或透明膠帶接合。只要將電路板或電池盒用雙面膠貼住，就能完成裝置的底部，做成箱型還能保護裝置。

切割・剪開

⇨ 剪刀、美工刀

雖然用不著再說明用法，不過剪刀是用大拇指、食指與中指拿著，有2片刀刃重疊，利用槓桿原理剪斷物體的工具。

美工刀是抵著刀刃切斷的工具。直接切割紙材刀刃會陷入底部（桌子等），所以請在切割墊上面作業。雖然保護桌子表面也是目的，不過讓刀尖陷入切割墊，就可以切得很漂亮。

切直線時要用尺，不過用力方式是有訣竅的，需要一定程度的熟悉。此外若是用塑膠尺，經常會削到、割傷塑膠尺，使用時得要小心。

如果手放在刀刃的前進方向，用力時可能會發生意外而受傷，這點要注意。

黏著

⇨ 漿糊、黏著劑

用紙製作的話，可以用澱粉黏合劑接合。當然也可以使用木工用、合成橡膠類、環氧樹脂類等黏著劑。若是瞬間黏著劑，如果不符合用途，就沒辦法順利黏著。

一般黏著劑乾掉凝固前需要花時間，所以不適合有時間限制的加工，但是可以把紙牢牢黏住。

⇨ 雙面膠、透明膠帶

紙的接合也能使用雙面膠。雙面膠能非常簡單地貼住，因此也能縮短時間。不過，因為黏著力有強有弱，所以要依照使用部分確認強度。

○木工

或許電子勞作不會讓人聯想到木工，不過在喇叭箱體等音質方面也是常用的素材。另外，用來呈現復古風格時，也很有氣氛。

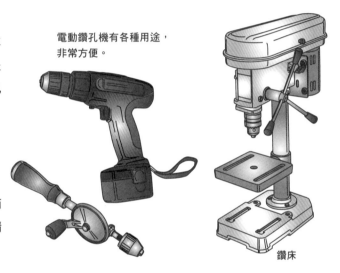

電動鑽孔機有各種用途，非常方便。

鑽床

鋸斷

⇨ 鋸子

木材要用木工用的鋸子鋸斷。有縱切鋸、橫切鋸或合板用等類型，請依照板材分別使用。

黏著

⇨ 黏著劑

木頭的黏著主要使用木工用黏著劑。在乾掉凝固前要確實固定。也能使用環氧樹脂類黏著劑。合成橡膠類在面與面黏合時很有效，不過較小斷面黏合時得看接合面積與構造，有時黏性會不夠。不能使用雙面膠。瞬間黏著劑如果是木工用就沒問題。

打洞

⇨ 鑽孔機

雖然也能使用鋼鐵用的鑽孔機，不過在木材上鑽比較大的孔洞時，最好使用木工用鑽孔機。

○塑膠、壓克力

可以使用既有的塑膠盒，加工壓克力板製作獨創的盒子也不錯。尤其，使用2片壓克力板，將墊圈放入中間，用螺絲鎖住的三明治型盒子，十分具有獨創性。加工地方也很少，十分方便，成品也相當美觀喔。

將壓克力板做成筐體的勞作範例。

切割

⇨ 膠片刀

薄塑膠板用普通美工刀也能切斷，但是，厚度在1mm以上的就很難切開。這時要用塑膠用的刀具。一般刀具是用前端尖銳的部分切開，不過膠片刀像是用刀刃削素材般，反覆一點點刻上刀痕，最後再折斷。

用美工刀割紙時照著尺寸切割便可，可是在切割厚塑膠板、壓克力板或聚氯乙烯板時，如果不考慮刀刃的厚度保留切削餘量，就會削過頭。

另外，因為切法是用削的，所以一定會留下毛刺。毛刺用銼刀或砂紙就可以磨得很漂亮。

連接

⇨ 黏著劑

要使用專用黏著劑。塑膠板使用塑膠專用、壓克力板使用壓克力專用、聚氯乙烯板就用聚氯乙烯專用黏著劑。這些黏著劑會溶解各種素材表面後黏著。此外還有瞬間黏著劑等，即使不是專用黏著劑也能黏合塑膠。

⇨ 鎖上螺絲

用鑽孔機打洞後，藉由鎖上螺絲，就能做出具有強度的盒子。M3（粗3mm）的蘑菇頭小螺絲、平頭螺絲、螺帽等非常好用。

⇨ 膠帶、雙面膠

塑膠也可以用雙面膠接合。它和紙不同，表面纖維不會剝落，如果撕得乾淨就能反覆重貼。但是膠帶本身會破掉。此外，黏著力有強有弱，黏著強度也有差別。

打洞

⇨ 鑽孔機

在塑膠上打洞時要用鑽孔機。例如使用墊圈，或鎖上螺絲的時候，就用鑽孔機打出大小適中的洞。要在塑膠板、壓克力板上安裝撥動開關、可變電阻器等零件時也必須打洞。

雖然鑽孔機的刀刃有各種尺寸，不過若是3～4mm，建議使用塑膠用的半月形鑽頭。在家居用品商城能取得的鋼鐵用鑽孔機對塑膠來說刀尖過於尖銳，會把塑膠弄壞。如果要打大的洞，先打出小洞後，再用絞刀把洞擴大即可。

除此之外，如果要打大的四角洞，就按照形狀，用鑽孔機在內側連續打出多個洞再切下，用銼刀銼磨便完成。

收尾

⇨ 銼刀、砂紙

用於切割的斷面或打洞的最後加工。可以使用金屬專用的銼刀。過於用力摩擦，銼刀表面會附著因摩擦熱而熔掉的塑膠，這時就用鋼刷去除。

用200號砂紙做毛刺的潤飾。研磨表面時用400～1200號的耐水砂紙，依序提高數字研磨。最後，用收尾用的研磨材料就能磨得很漂亮。

○鋁盒

既有的鋁盒種類豐富齊全，非常方便。和塑膠板同樣可以打洞加工。

鋸斷

⇨ 鋼鋸

切割鋁板時不能用刀子。雖然是用鋼鋸鋸斷，不過鋁板很少單獨加工，所以不太有機會用到。

打洞

⇨ 鑽孔機

打洞加工需要用到鑽孔機。鑽孔機要準備金屬專用刀刃，尤其如果有鋁用鑽頭會更好。

收尾

⇨ 銼刀

和塑膠板相同，用於邊緣處理。鋁是比較軟的金屬，有時會堵住銼刀的銼齒。這時要用鋼刷清潔銼刀。

⇨ 氣沖剪

氣沖剪這項工具的用途是鋁盒加工用。可以像剪刀一樣俐落地剪開鋁板。

電子零件記號

迴路圖上使用的電子零件記號，基本上依據JIS（日本工業規格）而有一定的標準。因為各種零件要是廠商各自設計獨特的記號，就會產生不同的解釋，只會引起混亂，所以才會決定一套標準。但是，由於技術開發的進步，每次都會重新檢視，並且追加或修正。本書基本上是使用2018年1月目前最新的JIS標準化記號。以下針對本書所使用的主要零件記號，將新、舊JIS的記號製成一覽表，提供各位參考。

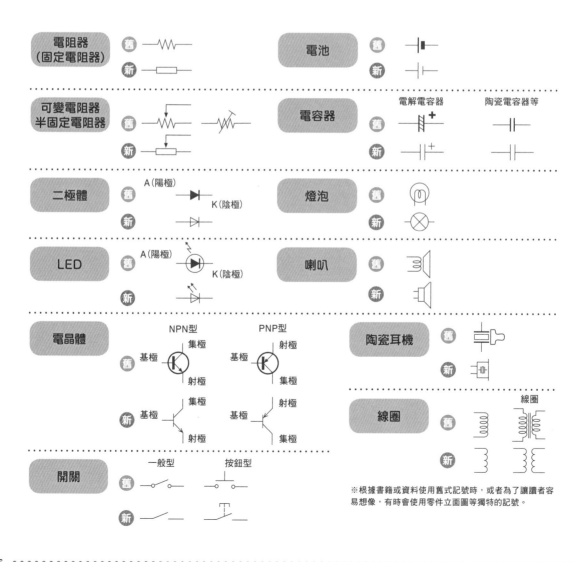

※根據書籍或資料使用舊式記號時，或者為了讓讀者容易想像，有時會使用零件立面圖等獨特的記號。

關於工具的保養

斜口鉗、烙鐵等電子勞作的工具用久了會有一種熟悉感，不過要是不保養就會生鏽，使用上變得不順手。平時不僅要愛惜使用，也要確實保養，才能提升勞作的品質。

扁嘴鉗、斜口鉗的保養

扁嘴鉗和斜口鉗是刀具，所以素材是鋼、鐵。用出汗的手拿取使用，然後放置不管，很快地表面就會生鏽。這樣放置不管生鏽後，刀刃會無法打開，或是變得卡卡的。這時要使用機械油、防鏽油等，能順暢開閉後就會改善。但是，在剪斷零件端子時，機械油會沾到零件，所以使用時要查看狀態，若有必要最好先擦乾淨再使用。

機械油會影響焊接或連接，也會損壞零件，因此必須注意。若是不鏽鋼的工具，就不用擔心生鏽，假如銳利度沒問題，就挑選順手好用的吧！

勉強拿來剪硬的東西，刀刃部分可能會缺損，所以平時養成正確使用的習慣非常重要。

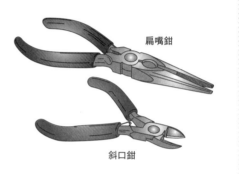

扁嘴鉗

斜口鉗

烙鐵的保養

烙鐵主要是保養銘鐵頭的部分，有保養就會使順手程度大為不同。即使是全新品，一旦接上電源，之後狀況只會愈來愈差。尤其銘鐵頭接上電源後一直放著，表面就會氧化，附著多餘的物質導致變質，焊錫就無法順利附著。如此一來熱度不會到達端子，便無法焊接。用眼睛一看馬上就會明白，可能是銘鐵頭變黑，或鍍錫部分消失。

為了改善情況，首先要使用烙鐵廠商推出的銘鐵頭活性劑。有「Tip Refresher」、「Chemical Paste」等商品名稱。在銘鐵頭塗上奶油狀的活性劑，當銘鐵頭變成銀色，便表示狀態已經回復。

另一個方法，雖然有點粗暴，不過可以用銼刀、砂紙刮銘鐵頭表面。這個方法要看銘鐵頭的素材，有時不見得有效，廠商也無法保證，所以必須自己承擔責任。拿砂紙摩擦發熱的銘鐵頭，在變乾淨的瞬間，焊錫會附著而鍍錫。

銘鐵頭若是漂亮地鍍錫，就能漂亮地焊接。在作業的最後確認銘鐵頭是否鍍錫，下次使用時就能順暢地焊接喔！

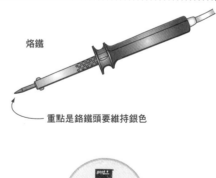

烙鐵

重點是銘鐵頭要維持銀色

「Tip Refresher BS-2」。可以讓變黑的銘鐵頭煥然一新。

索引

作者簡歷

伊藤尚未

Ito Naomi 筑波大學在學期間成為第3屆Omni Art Contest最優秀獎最年輕的得主。1987年以個展「展開」為開端，發表各種作品，1993年獲頒名古屋國際科技藝術特展ARTEC' 93大獎等眾多國際獎項。在1990年代，從幾何學的物件作品，逐漸轉變為伴隨動作、光、聲音的作品，確立了現在融合藝術性與科學性的作品風格。活用電子迴路技術與勞作技術，自2001年起在《兒童的科學》雜誌開始電子勞作的連載。2010年自立門戶成為自由媒體藝術工作者。除了開設電子勞作與手作玩具的體驗工坊，也在大學和補習班擔任講師。著有《電子工作大図鑑》、《LED工作テクニック》、《子供の科学★サイエンスブックス よくわかる電気のしくみ》（皆為誠文堂新光社）、實驗設計的套組《光と色であそぶLED実験・工作キット》（誠文堂新光社）等作品。

審訂者簡歷

陳柏宏

日本東京大學電機工學博士（2012）
國立交通大學電子研究所副教授（2016～）
國立交通大學電子研究所助理教授（2012～2016）
美國加州大學柏克萊分校訪問學者（2011）

我的科學實務課
運用配線、接電、焊錫完成11款電子作品

2018年9月1日初版第一刷發行
2019年7月1日初版第二刷發行

著　　　者	伊藤尚未
審　　　訂	陳柏宏
譯　　　者	蘇聖翔
編　　　輯	劉皓如
美術編輯	黃盈捷
發 行 人	南部裕
發 行 所	台灣東販股份有限公司
	＜網址＞http://www.tohan.com.tw
法律顧問	蕭雄淋律師
香港發行	萬里機構出版有限公司
	＜地址＞香港鰂魚涌英皇道1065號東達中心1305室
	＜電話＞2564-7511
	＜傳真＞2565-5539
	＜電郵＞info@wanlibk.com
	＜網址＞http://www.wanlibk.com
	http://www.facebook.com/wanlibk
香港經銷	香港聯合書刊物流有限公司
	＜地址＞香港新界大埔汀麗路36號
	中華商務印刷大廈3字樓
	＜電話＞2150-2100
	＜傳真＞2407-3062
	＜電郵＞info@suplogistics.com.hk

日本版STAFF

編輯協助／寺西憲二
設計／大宮直人、RUHIA
插圖／鈴木順幸
攝影／青栁敏史

DENSHI KOUSAKU PERFECT GUIDE
© Naomi Ito 2018
Originally published in Japan in 2018 by
Seibundo Shinkosha Publishing Co.,Ltd.
Chinese translation rights arranged through
TOHAN CORPORATION, TOKYO.